城市治理与舆情应对

上海市政府系统舆情应对案例研究

李双龙　郑博斐　主编

复旦大学出版社

前　言

　　新媒体的强势崛起,打破了传统媒体对公共舆论场的垄断,深刻改变了社会舆论格局。新媒体为公众赋权,"人人都有麦克风",城市生活的方方面面都会引发相关的舆论反应,特别是城市的重大规划决策、重大公共活动、重大突发事件往往会成为公众的舆论焦点,引发舆论热议。公共舆论不仅仅是对城市生活的现实反映,还会深刻影响城市重大事件的走向。新的媒介环境和舆论生态给城市管理提出了新的挑战,重构了城市管理的内涵。城市管理不再仅仅包括对线下城市规划、建设和运行相关基础设施和社会事务的管理,还包括对线上公共舆情的应对和处置。在此背景下,城市管理者不仅仅要具备传统的城市管理能力,还要具备较高的媒介素养和舆情应对水平。在重大决策之前,要进行舆情风险评估;在重大事件中,要密切监测舆情动态,及时调整工作策略;在重大活动之后,要持续了解民意反馈,改进相关工作。城市管理者要深刻意识到构建平稳、积极的舆论环境对于城市发展的重要意义,时刻把舆情工作放在脑中,不但要在重大突发事件发生时做好舆情应对,还要在日常工作中重视舆情、研究舆情、理解舆情、引导舆情,将舆情工作贯穿、融合于城市管理的过程当中。

　　上海作为一个人口聚集度高、经济开放度高、社会流动性高的超大城市,面临着更加复杂的舆情管理局面:不同群体的利益诉求更加纷繁多元;创新发展过程中新的社会问题不断涌现;社会流动性高带来更大的突发舆情风险。作为全国改革开放排头兵、创新发展先行者,上海的城市管理部门一直在舆情应对的体制机制和具体技巧方面进行积极探索,其中有许多值得总结的宝贵经验。本书是《上海市政府系统舆情应对案例分析研究(2013年)》(熊新光、李双龙主编,文汇出版社,2014年8日)的延续性系列研究,在上海市政府应急办和网信办等部门的支持下,对上海2014年、2015年共40个舆情案例进行了归纳分类和分析研究,勾勒了一个阶段中上海市政府部门舆情应对工作的发展轨迹,对相关经验和问题进行了总结、研究和分析。

根据实际研究需要，本书 2014 年和 2015 年的案例分析模式有所差异，但总体都遵循"舆情发展梳理—舆情观点分析—应对处置点评"的分析框架，从政府舆情应对的角度进行深入分析。与其他的一些舆情案例研究不同，本书着眼于切实改进政府的舆情管理工作，不但运用舆情大数据平台抓取了媒体报道和公众舆论数据，还汇集了政府舆情决策、处置的第一手材料，从而将公开的舆情数据材料和政府实际的应对处置举措相结合，更加立体、完整地还原舆情事件发展转折的全过程，实现了对政府舆情处置工作更加客观、科学的评估，也保证了对策建议的针对性和切实性。

上海市政府相关部门提供舆情应对工作过程的相关资料，为开展全面深入的案例研究提供了重要基础，这体现了相关部门改进舆情工作的意愿，也是加强信息公开、增进与公众的交流和沟通、促进政府自我检视的可贵实践和探索。在社会转型的大背景下，全国诸多城市都面临着相似的舆情风险和问题。希望本书的舆情案例研究不仅能够对上海的城市管理者有所启发，也能给其他城市的管理者提供借鉴。

最后，感谢钟怡、曾培伦、李家鼎、许丹旸、李韵、张心竹、吴柳雯、余文焱、陈佳琪等课题组成员辛勤付出，参与资料整理和课题研究工作。

编　者

2018 年 9 月 20 日

目 录

2014 年

1　质量安全类 ……………………………………………… 001

上海壁纸增塑剂超标事件 …………………………………… 002
普陀区居民楼沉降事件 ……………………………………… 008
川沙新镇动迁安置房倾斜沉降事件 ………………………… 015

2　政府形象类 ……………………………………………… 025

闸北区妇联送温暖引质疑事件 ……………………………… 026

3　公共卫生类 ……………………………………………… 033

浦东新区外科医生患 H7N9 禽流感事件 …………………… 034
希革斯电子（上海）有限公司员工集体就医事件 ………… 041
金山卫镇两名幼儿因病先后死亡事件 ……………………… 047

4　安全事故类 ……………………………………………… 055

松江区斜塘大桥被撞事件 …………………………………… 056
上海市"5·1"群租房起火事件 …………………………… 063
杨浦区充气游乐设施侧翻事件 ……………………………… 073

5　重大活动类 ……………………………………………… 081

2014 年上海国际马拉松赛事件 ……………………………… 082

6　食品安全类　093

央视3·15晚会曝光上海福基销售超过保质期食品事件 …… 094
上海福喜食品安全事件 …… 101
硅胶垫蒸煮馒头事件 …… 112

7　社会治安类　119

上海地铁9号线"咸猪手"事件 …… 120

8　校园教育类　129

静安区推出"最严入学新政"事件 …… 130
杨浦区女童遭猥亵事件 …… 136
上海震旦外国语幼儿园毕业典礼演奏日本军歌事件 …… 144

2015年

1　重大事故类　151

"12·31"外滩踩踏事件 …… 152
"东方之星"沉船事件 …… 159

2　质量安全类　167

长宁龙之梦商场自动扶梯伤人事件 …… 168
嘉定区翔和雅苑"楼晃晃"事件 …… 173

3　医患冲突类　179

上海市第十人民医院网传医生殴打老年患者事件 …… 180
瑞金医院"6·27"医生被打事件 …… 185

4　网络谣言类　191

网传女子在派出所被民警脱裤事件 …… 192

网传东航飞行员有精神病事件 ·· 196
个别疑似教师网民辱骂牺牲交警事件 ······································ 201
网传上海将用崇明西部换取启东事件 ······································ 207
"10·12"松江大学城疑似抢小孩事件 ·· 212

5　社会治安类　217

"4·17"精神病人持刀行凶事件 ·· 218

6　校园教育类　223

小学生为女教师撑伞门事件 ··· 224
考生反映松江中考点听力有杂音事件 ······································ 230
崇明裕安小学学生疑因装修污染引发身体不适事件 ·················· 234

7　建筑违规类　243

上海外滩百年老建筑"被刷墙"事件 ·· 244
浦东三林"最牛违建"事件 ·· 250

8　生态环境类　255

金山化工区规划(修编)环评公参事件 ······································ 256
上海首个萤火虫主题公园引生态质疑事件 ······························· 262

9　交通管理类　269

"内鬼车牌"事件 ··· 270
地铁16号线乘客高温天排队候车事件 ······································ 275
陆家嘴打车难事件 ··· 280

1

质量安全类

2014年

上海壁纸增塑剂超标事件

一、事件概况

1. 舆情酝酿期

2014年10月，上海市质监局对本市生产、销售的壁纸产品进行了质量安全风险检测，共检测样品58批次，覆盖本市生产和销售的主要品牌。经检验，53批次样品检出增塑剂，其中有34批次含量高于参考限值0.1%。上海市质监局发布《壁纸产品质量安全风险预警》。

2. 舆情爆发期

10月10日，《新闻晨报》刊发报道，援引上海市质监局的检测结果，称"上海九成壁纸被检出含有增塑剂"，并在报道中陈述了增塑剂的危害。这一报道经其他媒体的转载而获得公众的广泛关注，并引发公众对于"壁纸有毒"的担忧。

3. 舆情发展期

上海市质监局的检测结果和相关报道引起了壁纸协会的强烈反应。10月16日，《北京商报》发表题为"壁纸协会反驳壁纸'致癌说'"的文章，提到"中国建筑装饰装修材料协会墙纸分会秘书长张熳红对壁纸'致癌说'予以公开反驳，认为上海质监局发布的风险预警结果不具备执法效力，明显夸大了增塑剂的危害性"。此报道经其他媒体的转发之后引起社会公众的注意，引发了公众对上海市质监局公信力的质疑。

11月3日，上海市质监局通过《中国质量报》、中国质量新闻网上海频道发声，一篇《上海质监局回应行业协会质疑：开展风险预警是法律赋予的职责》的报道直接回应了壁纸协会的质疑。

4. 舆情平息期

多家媒体转发《上海质监局回应行业协会质疑：开展风险预警是法律赋予

的职责》。之后相关舆情未进一步发酵,逐渐平息。

二、舆情分析

1. 媒体报道分析

2014年10月9日至11月14日,共有平面媒体报道6篇,网络媒体报道62篇。媒体报道在10月12日至10月18日达到高峰,在经过一段平缓期之后在11月2日之后又掀起第二个报道高峰。新闻报道量最高的前三个媒体为网易、北方网、长城网。传播量最高的地区是北京、浙江和上海。

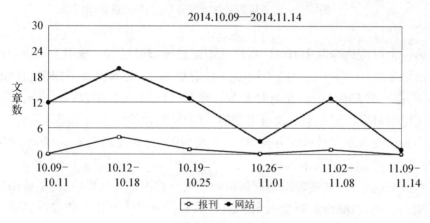

图1-1 媒体报道趋势(单位:篇)

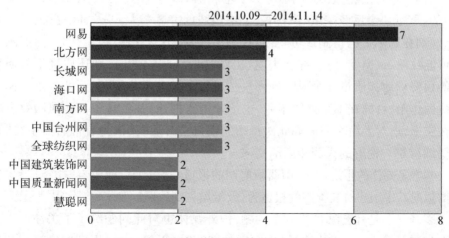

图1-2 新闻报道量最高的媒体(单位:篇)

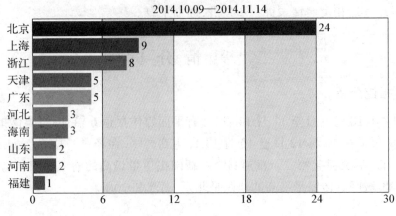

图 1-3　传播量最高的地区分布（单位：篇）

第一个报道高峰源于 10 月 10 日，《新闻晨报》刊发报道，援引上海市质监局的检测结果称"上海九成壁纸被检出含有增塑剂"。文章提及增塑剂超标的几个品牌，指出"'环保'壁纸非绝对无毒"，然而"目前尚无相关强制标准"，销售者在购买壁纸时要注意鉴别。此报道获得了网易、腾讯等多家网络媒体的转载，尤其是中央电视台新闻频道官方微博"@央视新闻"对该文的转发，引起了网络上对"壁纸致癌"信息的大范围传播。

在此情况下，一些被曝增塑剂超标的壁纸品牌声誉受到影响，甚至被销售平台下架。对此，墙纸行业协会表示了强烈不满。中国建筑装饰装修材料协会墙纸分会秘书长张熳红 10 月 15 日对壁纸"致癌说"予以公开反驳，认为上述风险预警结果不具备执法效力，明显夸大了增塑剂的危害性。在 10 月 16 日《北京商报》的《壁纸协会反驳壁纸"致癌说"：增塑剂危害遭夸大》一文中，张熳红表示："增塑剂在国际上已得到认可，常温状态不挥发、不易迁移，稳定性强，只有入口才可能致畸、致突变，但有谁会去吃、去啃食壁纸呢？"同时，她还质疑上海质监局的预警行动："质量安全风险预警只是对行业起警示作用，对行业标准的制定起协助作用，目的并不是处罚企业，也绝非国家抽检，并不具备任何执法效力。"而在文末，还对上海市质监局此次行动的动机公开质疑，认为有幕后黑手在"恶搞壁纸行业"，论辩的火药味渐渐变浓。

基本是同样的报道内容，山西新闻网的报道为《壁纸行业躺着"中枪"专家解疑增塑剂》，中国建筑装饰网的报道为《壁纸增稠剂致癌？专家称：你得啃壁纸》。

装修安全是社会瞩目的一个问题，沪外媒体也对此问题给予了关注。广州《信息时报》和南京《现代快报》的记者分别针对《新闻晨报》提到的增塑剂超标品牌在当地市场进行了走访。《信息时报》的报道指出,"问题品牌"虽然在广州较为少见,但业内人士认为,"近年通过科技手段好不容易提升环保形象的壁纸行业恐将遭遇又一次'滑铁卢'"。《现代快报》的报道为《上海检出含增塑剂壁纸　南京也有"黑榜"品牌》,但当地商家对此纷纷表示并不知情,壁纸添加少量甲醛不会影响人体健康。

　　媒体对此事件的第二个报道高峰为11月3日,上海市质监局通过《中国质量报》、中国质量新闻网上海频道及"澎湃新闻"等媒体发声,一篇《上海质监局回应行业协会质疑:开展风险预警是法律赋予的职责》分别从"为何要开展质量安全风险预警?""风险预警有没有相关法律规定?""为何不采用现行国标和行业标准?""风险监测起过积极作用吗?"四个方面解答了壁纸协会的质疑,对上海质监局此次检测行为的合法性和正当性进行了充分的论证。该报道被网易、澎湃新闻等媒体转载。

2. 社交媒体舆情分析

　　在新浪微博上以"上海 & 壁纸 & 致癌"为关键词进行数据抓取,在2014年10月1日至12月1日的时间范围内,共有相关微博53条。从新浪微博舆情发展趋势图来看,该事件的新浪微博舆情峰值出现在10月5日至10月11日,其间共有40条相关微博,总评论数达到1 588条,转发数达到8 571次。

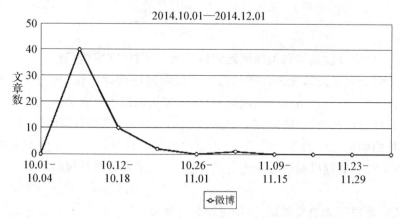

图 1-4　新浪微博舆情发展趋势(单位:条)

　　《人民日报》官方微博"@人民日报"在10月10日14时25分便发布了微博:"【当心!9成壁纸被检出增塑剂致畸致癌!】日前,上海市质监局检验显示:

9成壁纸都被检出含有增塑剂。全部58批样品中,53批次检出增塑剂,有34批次含量高于参考限值,涉'诺维琪''欣旺壁纸''布纸饰美''国昊''华美'等品牌。增塑剂对生物有一定致畸、致癌作用。扩散注意!(新闻晨报)"。微博中张贴了涉及的壁纸品牌LOGO,提醒消费者注意。此微博一出顿时引爆了微博舆论场,共计获得762条评论和3 280次转发。

当天晚上和次日清晨,"@央视新闻"和"@央视财经"接连转发"@人民日报"的这则微博,其中"@央视新闻"还贴出了上海市质监局网站的检测报告链接。这两则微博共计获得3 733次转发和535条评论。

除此之外,一些"蓝V"公众账号微博也对此事进行了转发,比如"@好居网""@宝慧聪涂料网""@宁波头条新闻""@上海发展改革""@上海维权投诉""@消费能见度""@搜家网"等,其中既包括上海及周边地区的有关政府部门,也包括装修行业的一些行业门户网站。

10月16日《北京商报》的《壁纸协会反驳壁纸"致癌说":增塑剂危害遭夸大》一文对上海市质监局的检测结果提出质疑,但报道在微博上并未得到广泛传播。而11月2日上海质监局通过《中国质量报》、中国质量新闻网上海频道等媒体所发的回应报道也没有在微博舆论场引发热议。

应当说,公众在微博舆论场中的注意力都集中在"墙纸致癌",壁纸行业协会和上海市质监局之后的争论并未在微博网友中产生进一步的影响。

三、应对处置

第一,建立公告类信息舆情风险评估机制,提前研判舆情风险。

为加强上海质监系统公告类信息舆情风险评估管理工作,规范公告类信息发布流程,降低公告类信息舆情风险,上海质监局创建了公告类信息舆情风险评估机制。针对涉及公民、法人或者其他组织切身利益,发布后可能引发大范围、大规模负面舆论效应的公告类信息,进行舆情风险评估。在发布壁纸的风险预警之前,上海质监局已对该公告进行过评估,认为基本无舆情风险。

第二,针对行业协会质疑,主动进行公开回应。

这次事件的由头源于质监报告对壁纸行业的销售产生了实质性的影响,因此受到了壁纸协会的强烈抵制。由于壁纸协会的"反击"是通过《北京商报》传播的,所以上海质监局选择通过中国质检总局主管的中国质检报刊社旗下《中国质量报》和中国质量新闻网上海频道予以回应,用更专业的语言来回应所谓行业协会的质疑。

四、分析点评

第一,建立公告类信息舆情风险评估机制十分必要,但是在评估舆情风险时要更为细致全面。

上海质监局创建了公告类信息舆情风险评估机制,在新媒体环境下此机制是十分必要的。然而,在评估舆情风险时要更加细致全面,综合考虑公告可能给相关方面带来的现实影响,以及公众当下的关注热点和社会心态。具体到本事件,首先,公告显示壁纸增塑剂超标率较高,同时公告曝光了一系列增塑剂超标的品牌,这些都会对涉事品牌以及整个壁纸行业的销售产生直接影响,会引发相关方面的强烈反应。其次,"装修安全"是当下社会比较瞩目的一个问题,而媒体和微博"大V"在传播相关信息时会"突出"甚至"放大"其中的焦点问题,以获取更高的关注度。可以预见的是,此公告会在社会上引发广泛热议。因此,上海市质监局应对舆情风险进行更细致全面的评估,并提前准备好应对预案。

第二,有理有据回应,维护了上海市质监局权威、负责任的形象。

在面对壁纸行业协会的质疑时,上海市质监局通过《中国质量报》、中国质量新闻网上海频道等媒体主动发声,应当说,该回应是比较有力的。首先,上海市质监局的回应目标明确,十分具有针对性,直接解答了对方几方面的质疑。其次,该回应有理有据,摆事实,讲道理,既有政策解读,也有国外情况介绍,还请第三方专家发声,比较具有说服力。再次,该报道介绍了质量安全风险预警的机制和内容,展现了上海市质监局对消费者负责任的态度。最后,在回应时,上海市质监局选择了《中国质量报》、中国质量新闻网上海频道等行业中最具权威性的媒体,从而增加了回应的权威性。

第三,希望通过此公共事件,能够推动相关政策法规的建立与完善。

对增塑剂,目前国家尚无强制性标准,这是本事件中引发争议的一个焦点问题。对消费者来说,要掌握繁多的防范知识和较复杂的鉴别技能是不现实的。为了保障消费者的权益,国家应当推动对增塑剂等问题的调查研究,进而建立和完善相关政策法规。这样,质监局等政府部门以及壁纸的生产企业才能有法可依、有法可循,使装修市场上不再出现具有安全风险的装修材料,保障消费者的权益不受侵害。

普陀区居民楼沉降事件

一、事件概况

1. 舆情酝酿期

2014年4月7日,上海市普陀区绿杨路36弄石榴苑的小区居民反映,小区里多栋居民楼出现严重沉降,开裂的墙面甚至可以嵌进手机、伸进手掌,不断脱落的墙体还发生了伤人事件,安全隐患严重。当天,新浪微博上出现了"#求助#普陀居民楼墙体开裂"的信息。

2. 舆情爆发期

4月7日18时48分,上海电视台新闻综合频道报道了主题为"普陀:居民楼沉降严重,墙壁开裂能塞手机"的新闻。报道结尾,接受访问的方先生表示:"我们希望有关单位能当一回事,把老百姓的生命当回事,修也好,拆也好,总得有个说法。"

普陀区政府舆情中心于4月7日19时监测到该舆情后,迅速上报有关领导,区领导责成区建交委、桃浦镇和西部集团调查处置。

3. 舆情发展期

在4月8日早晨,上海新闻综合频道的《上海早晨》、东方卫视的《看东方》等多家电视台的新闻节目报道了此事。上海的网络媒体也对此事给予了较大关注,东方网的报道在标题中将涉事居民楼称为"楼脆脆"。新民网、新浪上海、腾讯大申网、人民网上海频道等媒体均报道了此事。

与此同时,相关舆情开始在微博舆论场发酵,上海市出入境服务中心有限公司官方微博"@上海市出入境服务中心移民"在9时17分发布相关微博。17时50分,新浪上海新闻频道官方微博"@上海新闻播报"发布微博"普陀一居民楼沉降严重 墙壁开裂能塞手机",并@了"@上海普陀房管"。微博上的网友评论以负面为主。

4月8日16时20分,上海市副市长蒋卓庆召开专题会议,研究部署了石榴苑小区房屋修缮的相关工作。4月8日,普陀区建交委表示,导致石榴苑住宅楼沉降的主要原因是地铁11号线的地下盾构工程,将协同有关方面协商解决方法。

4月9日,普陀区政府对于石榴苑沉降问题给出书面说明,有关部门已初定两个修缮方案。《青年报》的报道指出,石榴苑小区"至少400多户受到影响",当地居民"曾多次向所在地的有关部门反映情况,也曾有相关工作人员上门查看,但得到的回音寥寥"。新民网的报道聚焦于普陀区政府已委托专业单位进行楼房检测、编制修缮方案。"@中国新闻网"发布了其网站上的图片报道"上海一居民区多栋楼出现沉降　缝隙可直接看到室内",获得评论55条、转发93次。

4月10日,媒体的报道主要聚焦于居民楼的修缮方案。《东方早报》做了题为"楼房沉降墙壁开裂能塞进手多年未解决,普陀称已有方案"的报道,新浪上海等网络媒体转载了此报道。

在微博舆论场,8日之后舆论的主要关注点仍聚焦于楼房开裂问题,对处置方案的讨论较少。一些网友质疑政府"不作为"。4月12日,"@扬子晚报"发布微博"上海一楼房开裂严重　楼下伸手楼上'见'",评论27条,转发44次。

4. 舆情平息期

4月12日之后,随着问题得到较妥善的处置,媒体报道和微博舆情都逐渐平息。

二、舆情分析

1. 媒体报道分析

在2014年4月6日至4月13日,共有平面媒体报道3篇,网络媒体报道27篇。媒体报道分别在4月8日至4月10日达到高峰。新闻报道量排在前四位的媒体分别是东方网、新浪上海、上海热线、新民网。传播量最高的地区是上海和北京。

4月7日18时48分,上海电视台新闻综合频道报道了主题为"普陀:居民楼沉降严重,墙壁开裂能塞手机"的新闻。在报道结尾,接受访问的方先生表示:"我们希望有关单位能当一回事,把老百姓的生命当回事,修也好,拆也好,总得有个说法。"

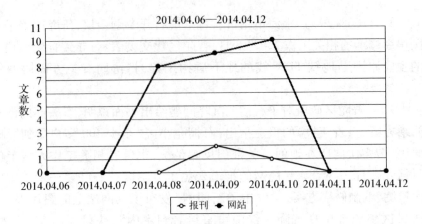

图2-1 媒体报道趋势(单位:篇)

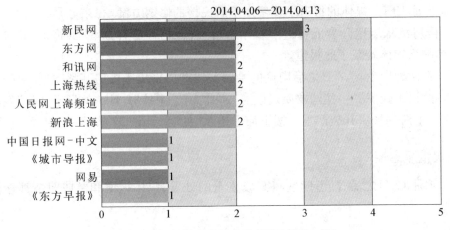

图2-2 新闻报道量最高的媒体(单位:篇)

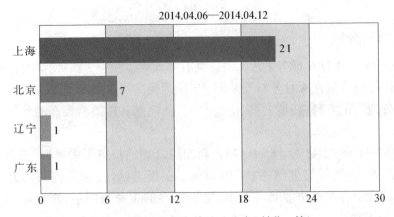

图2-3 传播量最高的地区分布(单位:篇)

在4月8日早晨,新闻综合频道的《上海早晨》、东方卫视的《看东方》等多家电视台的新闻节目报道了此事。上海的网络媒体也对此事给予了较大关注,东方网的报道在标题中将涉事居民楼称为"楼脆脆"。新民网的报道在介绍居民楼沉降问题的同时,在结尾处提及"普陀区政府今天上午召开多部门紧急会议,并协同有关方面正在协商解决办法。造成这些住宅楼沉降、开裂的原因与地铁11号线一期北段的盾构工程或有关系"。新浪上海、腾讯大申网、人民网上海频道等媒体皆以"普陀一居民楼沉降严重 墙壁开裂能塞手机(图)"为标题报道了此事。

4月9日,《青年报》的报道指出石榴苑小区"至少400多户受到影响",当地居民"曾多次向所在地的有关部门反映情况,也曾有相关工作人员上门查看,但得到的回音寥寥。2011年,五幢楼之中的其中一幢,也就是227号至230号单元曾得到修缮,然而在去年修缮完毕之后,其余的四幢迟迟没有动工"。新民网的报道聚焦于普陀区政府已委托专业单位进行楼房检测、编制修缮方案,该修缮方案经反复研究论证后,已提交专家评审。新浪上海、腾讯大申网等网络媒体也跟进报道。

4月10日,媒体的报道主要聚焦于居民楼的修缮方案。《东方早报》做了题为"楼房沉降墙壁开裂能塞进手多年未解决,普陀称已有方案"的报道,新浪上海等网络媒体对此报道进行了转载。

4月10日后,此事件逐渐退出媒体的报道议程。

2. 社交媒体舆情分析

在新浪微博以"普陀区 & 墙壁开裂能塞手机"为关键词进行数据抓取,在2014年4月6日至4月13日的时间范围内,共有相关微博74条,微博评论130条,总转发207次。

从新浪微博舆情发展趋势图来看,此次事件在4月8日至4月9日达到微博舆论高峰。其中4月8日共有31条相关微博,4月9日有28条相关微博,经过两天的热议后,该议题在微博上逐渐淡出公众视野。

4月8日早晨,相关舆情开始在微博舆论场发酵,上海市出入境服务中心有限公司官方微博"@上海市出入境服务中心移民"在9时17分发布微博"普陀:居民楼沉降严重 墙壁开裂能塞手机(图)",并附上了腾讯大申网的报道链接。

8日17时50分,新浪上海新闻频道官方微博"@上海新闻播报"发布微博"普陀一居民楼沉降严重 墙壁开裂能塞手机",并@了"@上海普陀房管",该微博有18条评论,38次转发,评论以负面为主。有网友对此事表示愤慨,并称

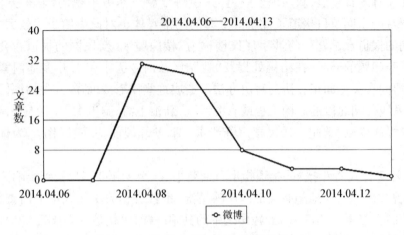

图 2-4　新浪微博舆情发展趋势（单位：条）

之为"又一楼脆脆"；也有网友提出要开展调查："必须得有个说法啊,太危险了。"

同在4月8日,房产电视节目今日房产的官方微博"@今日房产"、房产资讯平台"@凤凰房产上海站"等房产类微博也关注此事,发布了相关微博。

4月9日,"@中国新闻网"发布了其网站上的图片报道"上海一居民区多栋楼出现沉降　缝隙可直接看到室内",获得评论55条,转发93次。一些网友质疑政府"不作为"。

4月12日,"@扬子晚报"发布微博"上海一楼房开裂严重　楼下伸手楼上'见'",评论27条,转发44次,之后新浪微博舆情趋于平息。

三、应　对　处　置

第一,高度重视舆情,快速上报制定应对方案。

监测到该舆情后,根据普陀区主要领导指示,区政府召开紧急专题会议,加快协调推进房屋监测和修缮方案制定工作。会议要求各有关部门和桃浦镇全力配合,按市政府要求积极应对,关注小区居民动态并做好安抚疏导工作。

第二,联动各部门,各方力量配合制定解决方案。

4月9日西部集团和上海房屋质量监测站对该处房屋进行了监测。10日上午有关专家到现场进行勘察。普陀区有关部门积极配合有专业技术能力的市级施工企业实施房屋加固修缮工程。

第三,与市政府新闻办合作,把握节奏,开展应对。
普陀区政府新闻办在市新闻办的支持指导下,加强与媒体沟通,正面引导社会舆论,力求降低负面社会影响,稳定舆论态势。

四、分析点评

建筑质量问题直接关系到公众自身的生命安全和财产安全,因此受到各界的广泛关注。在2009年,上海即发生过"楼倒倒"事件,此后全国曝光过一系列此类事件。此次普陀区居民楼沉降事件被媒体称为"楼脆脆",通过社交网络的传播,在社会上引爆了相关话题,造成了一定的负面影响。普陀区政府监测到相关舆情后,迅速开展调查,联动各方力量,在较短时间内拿出了解决方案,并通过有影响力的平面媒体告知民众,避免了该事件被持续热炒。但应该指出的是,在微博等新媒体的应用上,相关政府部门仍有进一步改进的空间。

第一,相关部门的舆情监测及时,反应较为迅速,在较短时间内稳定了事件的发展态势。
4月7日18时48分,上海电视台新闻综合频道报道了主题为"普陀:居民楼沉降严重,墙壁开裂能塞手机"的新闻。在当天19时,普陀区政府舆情就监测到了相关舆情并迅速上报有关领导。及时有效的舆情监测为接下来的快速反应奠定了基础。在4月7日至9日,相关部门展开联动,采取了一系列应对举措,从源头上解决了石榴苑小区住户的问题,在较短时间内控制了事件的发展态势。

第二,积极通过主流媒体发声,展现政府的负责态度和实际处置措施。
4月7日事件曝光后,相关部门与新民网等主流媒体的沟通较为通畅。4月8日,新民网的报道在介绍居民楼沉降问题的同时,在结尾处提及"普陀区政府今天上午召开多部门紧急会议,并协同有关方面正在协商解决办法"。第一时间展示出政府对沉降问题十分重视,在短时间内已经展开联动,积极解决问题。4月9日《青年报》、新民网的报道也都提及政府正在与小区居民进行协商,并在制定具体的修缮方案。在4月10日,《东方早报》的报道"楼房沉降墙壁开裂能塞进手多年未解决,普陀称已有方案"详细介绍了政府委托专业机构进行实地检测、编制修缮方案的情况。

应当说,相关部门系列处置举措在主流媒体上的持续呈现,回应了4月7日上海电视台新闻综合频道报道中石榴苑居民"得有个说法"的诉求,获得了较好的传播效果。

第三,相关部门应主动打通"两个舆论场",积极利用政务微博等新媒体渠道,回应网民关切,引导舆论走向。

在此次事件中,相关部门对微博等社交媒体的应用有待加强。在用好主流平面媒体和网络媒体的同时,相关部门应积极利用政务微博等新媒体渠道,在微博舆论场中发出官方声音,回应公众关切,进而引导新媒体舆论走向。

虽然主流媒体对政府的处置方案进行了报道与介绍,但是这些信息在微博舆论场中并没有传播开来。"@上海普陀"和"@上海普陀房管"等一些相关政务微博上都没有关于此次事件的信息通报。4月9日至4月12日媒体报道逐渐平息,但是"@中国新闻网"与"@扬子晚报"发布的微博仍然聚焦于房屋较为夸张的开裂情况,没有提及政府的处置措施,网友的评论也以负面为主。由此可见,要引导好新媒体舆论场,仅仅靠主流媒体的报道是不够的。一方面,相关部门应有打通"两个舆论场"的意识,通过多种渠道使主流媒体上的官方声音和正面信息在微博这一社交新媒体平台上传播开来;另一方面,相关政务微博要主动发声,正面回应网友关切,进而引导微博舆论向正面方向发展。

川沙新镇动迁安置房倾斜沉降事件

一、事件概况

1. 舆情酝酿期

市民曹先生居住的上海市浦东新区华夏二路1500弄心圆西苑小区17、18号楼发生倾斜和沉降,两栋楼屋顶女儿墙装饰线脚之间发生挤压,粉刷层开裂脱落,墙基散水坡出现裂缝。

2. 舆情爆发期

2014年11月24日,曹先生向媒体反映了两栋楼出现的问题。11月24日9时58分,"@看看新闻网"发布标题为"上海浦东一15层楼房发生倾斜 两幢房顶碰在一起"的微博。"@上海新闻播报""@SMGNEWS"等媒体微博对此进行了原创转发。11月24日下午,开发商检测称房屋属自然沉降,在国家允许范围内。18时59分,新华网做了报道《上海—迪士尼动迁房出现两楼"接吻" 开发商称不影响主体结构》。

3. 舆情发展期

11月25日,媒体报道量达到最高峰。《新闻晨报》的报道《川沙镇两栋15层动迁房歪成'∧'形》被新华网、凤凰网等多家网络媒体转发。上海电视台、凤凰卫视、央视《焦点访谈》等多家电视媒体也相继进行跟踪报道。8时12分,"@人民网"发表微博,标题为"上海两栋动迁房上演楼亲亲 开发商称自然沉降"。网友评论对官方处置多有不满。

25日上午,居民质疑开发商的说法,将到现场进行检测的同济大学房屋检测站检测设备扣留。

11月25日晚,政府委托专业机构进行检测,组织专家论证。川沙镇政府、浦东区建交委等机构就楼梯检测情况召开沟通会,向居民通报了检测情况,结果显示建筑沉降与倾斜数据均在规定范围内。部分居民从交流会离场后,向媒体表达了对检测结果的看法,表示对检测机构不信任。

23时37分,"@浦东建交委"发布了建筑沉降、倾斜数据等检测结论,并对其中原因作了解释。

11月26日,《新闻晨报》以"自然沉降和温差伸缩挤压所致均在规定范围内"为题报道了浦东新区建交委检测结果,人民网、东方网等多家媒体转载了报道。《检察日报》发表题为"'楼亲亲'怎能让人安居"的评论,认为相关部门应及时转移安置居民,同时依法追究相关人员的责任。

11月27日,华声在线署名"汪忧草"的作者发布《上海"楼亲亲"如何将"爱"进行到底?》的评论,对开发商资质提出质疑。

11月28日,新华每日电讯发表题为"'楼亲亲'经检合格,信常识还是信数据"的评论,指出"符合规范不代表质量合格,安全只是合格的基本条件之一"。凤凰网等多家媒体转载了此报道。

11月29日,《京华时报》发表时评《责任病的不轻才有伤害"楼亲亲"》。中青在线、搜狐网等媒体转载了该评论。《北京青年报》以"'楼亲亲'业主忧虑重重　墙根处裂缝可伸进手指"为题,报道了业主对倾斜沉降房屋在安全和租户退租后在经济上的忧虑。多家网络媒体对该报道进行了转载,形成了一个小的舆情高峰。

4. 舆情平息期

11月30日以后,媒体报道数量迅速下降,事件逐渐平息。直至12月14日,《北京青年报》刊登报道《一次幸福的动迁　一场财富的规划　一栋楼体的沉降　一串连锁的反应》,一些网络媒体对该报道进行了转载,后续未再引发新的舆情。

二、舆情分析

1. 媒体报道分析

从2014年11月21日至12月6日,针对该事件共有790篇媒体报道,其中平面媒体报道60篇,网络媒体报道730篇。从媒体报道趋势来看,媒体报道在11月25日迅速达到高峰,报道数为233篇。在11月29日,媒体报道出现第二个小高峰。从新闻报道量最高的媒体来看,人民网、光明网和中国江苏网的报道量分别为33篇、28篇和24篇,排在前三位。从传播量最高的地区分布来看,此事受到全国媒体的广泛关注,尤其是北京媒体,其报道量为313篇,远远超过上海媒体(46篇),上海媒体的报道量排在北京、广东、山东和江苏之后,位列第五。

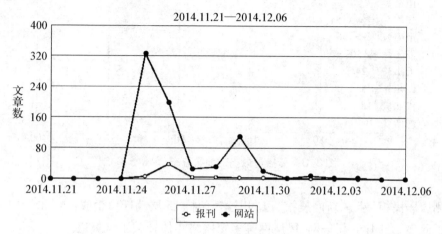

图 3-1 媒体报道趋势(单位:篇)

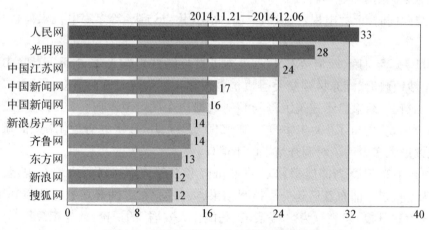

图 3-2 新闻报道量最高的媒体(单位:篇)

11月24日18时59分,新华网做了报道《上海一迪士尼动迁房出现两楼"接吻" 开发商称不影响主体结构》,多家网络媒体对此报道进行了转载。

11月25日,媒体报道量达到高峰,当日共有平面媒体报道30篇,网络媒体报道574篇。上海本地的平面媒体进行了重点报道。《解放日报》的报道标题为"浦东一居民区两楼高空'接吻'",《新民晚报》的报道标题为"'楼亲亲'上午

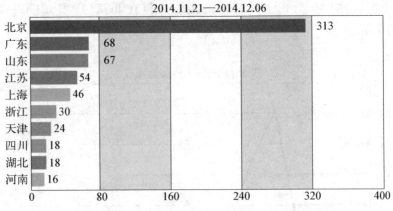

图3-3 传播量最高的地区分布(单位:篇)

检测遭居民拒绝",《新闻晨报》以"川沙镇两栋15层动迁房歪成'∧'形"为题报道了此事,光明网、新华网、凤凰网等多家网络媒体转载了该报道。

北京媒体也对此给予了关注,《京华时报》发布报道《上海迪士尼动迁房"接吻"》,被多家网络媒体转载。

与此同时,上海电视台、凤凰卫视、央视《焦点访谈》等多家电视媒体也相继进行了报道。

11月25日晚,政府委托专业机构进行检测并组织专家论证。当晚10点半,川沙镇政府、浦东区建交委等机构就楼梯检测情况召开沟通会,向居民通报了检测情况,结果显示建筑沉降与倾斜数据均在规定范围内。23时37分,"@浦东建交委"发布了"关于华夏二路1500弄17、18号楼的有关情况"的微博。网民评论大多表达了对调查结果的不信任。

11月26日,《新闻晨报》以"自然沉降和温差伸缩挤压所致均在规定范围内"为题报道了浦东新区建交委检测结果,人民网、东方网等多家媒体转载了报道。《检察日报》发表题为"'楼亲亲'怎能让人安居"的评论,认为相关部门应及时转移安置居民,同时依法追究相关人员的责任。

11月27日,华声在线署名"汪忧草"的作者发布《上海"楼亲亲"如何将"爱"进行到底?》的评论,对开发商资质提出质疑:"两幢楼的开发商是上海心圆房地产开发有限公司,该公司成立于2010年1月28日,注册资本800万元。公司注册没多久,这家'一人有限责任公司'就拿到了上海迪士尼项目配套动拆迁安置项目,并于当年5月份开始动工兴建这个小区。这样的'效率'确实高得离奇,这背后究竟有无'猫腻',着实不能不叫人浮想联翩。"

11月28日,《新华每日电讯》发表题为"'楼亲亲'经检合格,信常识还是信数据"的报道,认为"符合规范不代表质量合格,安全只是合格的基本条件之一","我国不少房屋的质量是存在隐患的"。凤凰网等多家媒体转载了此报道。

11月29日,《京华时报》发表时评《责任病的不轻才有伤害"楼亲亲"》,认为"'楼亲亲'不过是中国房产开发,尤其是动迁安置类住房没打'马赛克'的一个缩影。质量底线让渡给了规划红线"。中青在线、搜狐网等媒体转载了该评论。

11月29日,《北京青年报》以"'楼亲亲'业主忧虑重重 墙根处裂缝可伸进手指"为题,报道了业主对倾斜沉降房屋在安全和租户退租后在经济上的忧虑。多家网络媒体对该报道进行了转载,形成了一个小的舆情高峰。

11月30日以后,媒体报道数量迅速下降,事件逐渐平息。直至12月14日,《北京青年报》刊登报道《一次幸福的动迁 一场财富的规划 一栋楼体的沉降 一串连锁的反应》,一些网络媒体对该报道进行了转载,但未引发舆情。

2. 社交媒体舆情分析

在新浪微博上以"上海&楼亲亲"为关键词进行数据抓取,在11月21日至12月6日的时间范围内,共有相关微博499条,微博评论2 437条,总转发3 447次。从新浪微博舆情发展趋势图来看,该事件的新浪微博舆情峰值出现在11月25日,当日共有356条相关微博。

该事件较早的一条微博是2014年11月24日9时58分,"@看看新闻网"发布的:"【上海浦东一15层楼房发生倾斜 两幢房顶碰在一起】11月24日,市

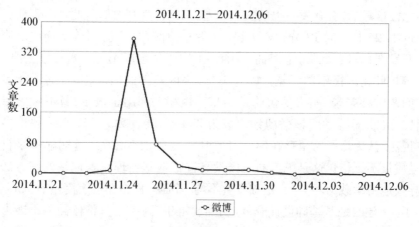

图3-4 新浪微博舆情发展趋势(单位:条)

民曹先生来电反映,他所居住的浦东新区华夏二路1500弄的心苑西园小区17号、18号并排的两幢房子,其中17号房屋发生倾斜,楼顶的房角和18号碰在一起,并发生了开裂。目前,承建商和物业等部门已赶赴现场,记者已前往调查,请关注后续报道。"该微博评论数为44条,转发数为283次。评论多质疑房屋质量有问题,认为是豆腐渣工程。新浪上海新闻频道官方微博"@上海新闻播报"、上海广播电视台电视新闻中心官方微博"@SMGNEWS"等微博对此进行了原创转发。

11月24日13时41分,"@看看新闻网"发布后续微博:"【浦东川沙两幢居民楼倾斜'背靠背' 初步判断系房屋沉降】据现场勘查,居民楼楼底出现多条一指宽的裂缝,两幢居民楼的楼顶已经完全贴合在一起,楼顶接触面部分已经发生了碎裂。据悉,发生倾斜的两幢居民楼于2012年11月份交房入住,许多居民刚装修完新房正准备入住。"当晚,21时37分,评论转发第一条微博称:"开发商表示,从他们专业的角度来讲,即便两幢楼像现在这样碰在一起,也不存在安全隐患,居民可以放心居住。完全安全,完全可以保证。[挖鼻屎]"该微博评论数为25条,转发数为139次。大多评论质疑开发商的说法,认为房屋并不像开发商所说的那样安全。

"@中国之声"于11月24日21时10分发布微博:"【上海惊现'接吻楼'相邻两楼顶层紧靠在一起[吃惊]】@新民晚报新民网 记者在浦东新区华夏二路1500弄心园西苑看到,17号楼向18号楼倾斜,原本这2栋楼之间有11cm左右间隙,现在最顶层已经紧靠在一起,像在'接吻'。据悉,这两栋楼2012年交付入住。据了解,事发小区为动迁安置房,不少居民已不敢入住。"该微博评论数为176条,转发数为336次。评论中的意见主要有:一是质疑楼房质量;二是认为两栋楼接触后,会触发更大的安全问题;三是认为开发商对此负有责任。

11月25日8时12分,"@人民网"发布微博:"【上海两栋动迁房上演楼亲亲 开发商称自然沉降】上海浦东川沙镇心圆西苑17号楼、18号楼上演'楼亲亲'一幕,吓得居民不敢睡觉。昨天下午,小区开发商回应称,目前不能表明楼存在问题,'楼亲亲'是自然沉降的结果。镇相关部门也表示,暂不考虑转移楼内居民。(新闻晨报)"该微博评论数为270条,转发数为323次。评论多质疑官方说法,认为房屋质量存在问题,例如"@最帅的东东":"这明显不是自然沉降,是质量不合格!这是施工的时候没有进行地基处理或者地基处理方法不合理,导致地基承载力不均匀,基础产生不均匀沉降,四个角的沉降量有大有小,楼就歪了。《建筑地基基础设计规范》明确规定了,高层建筑整体倾斜不能大于千分之四。"

11月25日23时37分,上海市浦东新区建设和交通委员会官方微博"@浦东建交委"发布了"关于华夏二路1500弄17、18号楼的有关情况"的微博,对两栋楼的建设情况、倾斜和沉降问题的检测数据、发生原因和结论作了公布,认为数据在"规范规定范围内","不影响房屋主体结构",并会同专家密切监测评估,视情况采取相应措施。该微博评论数为93条,转发数为29次。评论大多表达了对调查结果的不信任。例如"@宸宝-樱桃么么":"如果检测机构、建交委、承建商领导统统来住的话,我相信沉降是合理的,数据是科学的,你们不是坑人的。"

11月26日,"@新闻晨报"以"自然沉降和温差伸缩挤压所致均在规定范围内"为题报道了浦东新区建交委检测结果,网友们对此结果提出了不少质疑。"@21世纪经济报道"转载了此微博。

11月26日,"大V""@光远看经济"发表微博对检测结果提出质疑:"看上海相关部门言之凿凿地表示:楼亲亲是正常的。我算明白了:原来我们现在99%没有亲到一起时建筑是不正常的。这种言语出现在我们大上海,让人真的为上海的未来担忧:就这智商,还想搞什么国际金融中心。"该微博评论数为133条,转发数为177次。从评论来看,有网友对此微博表示认同。但是也有一些网友指出沉降是正常的,例如"@儒匪在路上"评论:"建筑物建好后在允许范围有一定沉降和倾斜都属于正常现象。这2栋房子由于屋顶处缝宽过小再加上一定的沉降倾斜导致相碰。"

11月30日之后,微博舆论场中关于此事件的讨论逐渐平息。

三、应对处置

第一,建立统一处置协调机制,统一口径和处置方案,发布权威信息,重视舆论引导工作。

明确牵头领导及部门,建立统一处置协调机制,完善有关群众诉求和媒体应对的统一口径和处置方案。重视舆论引导工作,在市委宣传部支持下统筹协调各媒体,控制舆情进一步发酵。通过各类媒体发布权威信息,整个事件处置过程公开透明。11月25日,新区建交委官方微博账号"@浦东建交委"发布公告说明有关情况,"@上海发布""@浦东发布"随即进行转发。

第二,建立联合接待机制,及时通报有关进展,回应群众质疑。

建立联合接待机制,以川沙新镇为平台,规划、建设、质检、消防等相关职能部门落实专人参与,及时将有关进展情况向居民通报,对群众诉求问题进行现场答复,努力纾解群众焦虑情绪。根据居民提出的合理诉求,督促建设单位做好相关房屋修缮工作。

第三,组织第三方机构开展科学检测,出具报告解疑释惑,做好后续跟踪检测。

组织第三方机构开展科学检测,在市建交委的指导帮助下,委托上海房屋质量检测站并邀请结构、建筑、施工方面的专家进行现场勘查,出具《房屋质量检测报告》,解除住户疑虑。同时委托上海房屋检测站开展为期一年的跟踪检测,委托市科技委对监测结果进行专家评审,确保房屋质量安全。

第四,开展相关房屋全面安全排查,杜绝类似事件再次发生。

举一反三,要求心圆房产对所建小区的地面沉降进行统一检测,要求物业公司对杜坊基地所有房屋开展全面排查,杜绝类似事件再次发生。

四、分析点评

2009年,上海闵行区就发生过震惊全国的"楼倒倒"事件。2014年,普陀区发生了"楼脆脆"事件。此次事件被称为"楼亲亲",加上涉事小区属于上海迪士尼项目配套动拆迁安置小区,一经曝光便成为媒体和舆论高度关注的焦点。本次事件中,浦东建交委、川沙镇政府等政府部门对相关舆情进行了积极处置,但仍有一些可进一步改进之处。

第一,对具有较高舆情风险的事件,相关部门应进一步提高重视,在第一时间发现舆情风险点,通过及时、扎实的实际工作尽可能在舆情爆发前消除舆情风险。

由于上海之前已经发生过"楼倒倒""楼脆脆"等事件,社会各界对建筑质量问题的关注度很高,该问题具有相当高的舆情风险。居民楼体沉降倾斜不是一两天突然发生的,如果开发商等相关单位和政府相关部门能够及时发现建筑存在的问题,了解居民的疑问和意见,第一时间积极主动着手处理,与居民进行坦诚沟通,满足居民们的合理需求,或许能避免此舆情事件的爆发。

第二,在发布沉降倾斜原因时要慎重,应由第三方权威机构检测后首发检测结果,避免由开发商等利益主体草率发布原因,以减少公众的质疑。

11月24日事件曝光后,政府邀请了有资质的检测机构对房屋垂直度和沉降数据等进行检测,但是权威的检测结果还未出炉。在此情况下,开发商负责人接受了新华网的采访,指出"居民楼于2012年8月建成,其后发生自然沉降,这可能是楼顶接触的主要原因。至于楼底的裂缝,是由于后建成的散水坡和楼房本身沉降速度不一致所造成的,这些问题目前看来不影响房屋主体结构"。对公众而言,面对"楼亲亲",本身就对开发商存在愤慨的情绪,此时由开发商草率介绍楼体倾斜原因,必然无法为公众所接受,会招致公众的质疑与责问。而舆论情绪和舆论倾向一旦形成,之后权威检测结果的发布以及对整体舆论趋势的引导都会面临非常被动的局面,后续的舆情走势也印证了这一点。

第三,为使公众更好地理解和接受检测结果,可借助专业力量将艰涩、专业的公告转化为简明、可视化程度较高的信息,同时附上科学解读与国内外实例,以此增强检测公告的接近性与可信性。

对普通公众来说,要理解专业的检测公告存在困难。在新媒体时代,尤其是移动客户端普及度极高的当下,人们更愿意传播和阅读简明、可视化较高的信息。相关部门可考虑请专业团队对公告进行处理加工,提高其可接近性,增加公众传播此信息的兴趣。与此同时,可在公告后附上通俗的科学解读以及国内外的一些类似实例,以增强公告的可信性与说服力。

第四,面对政府公信力不足的现状,可与具有权威性的专业人士和第三方意见领袖进行坦诚沟通,通过意见领袖传播官方信息,引导舆论走向。

在当下,一个必须要面对的现实是,政府的公信力不足,时常有网友表示,"政府一辟谣,我更相信了"。在此情况下,相关部门可与具有权威性的专业人士和第三方意见领袖进行坦诚沟通,主动提供相关信息,通过意见领袖的声音传播官方信息,从而对舆论走向实现有效引导。

2

政府形象类

闸北区妇联送温暖引质疑事件

一、事件概况

1. 舆情酝酿期

2014年1月15日,上海市闸北区妇联对辖区内一些身患重症的妇女群众进行了走访慰问,朱阿姨是其中之一。2013年朱阿姨被查出患癌症,已做手术,当时在术后治疗中。朱阿姨在患病前家庭条件尚可,但患病后家庭的经济负担沉重。

2. 舆情爆发期

2014年1月16日,"@天目西路街道地梨港居委会"官方微博发布了一条配图微博:"闸北妇联把温暖送到了天目西路街道地梨港居委会困难妇女群众当中。她们亲自上门在认真了解生活情况的同时送上了春节慰问金和来自'娘家'的关怀。受助妇女对妇联在百忙之中前来探望表示了感激之情,也以亲身经历提醒在座的每一位身体健康的重要性!"配图是妇联工作人员在朱阿姨家的照片。并@了"@闸北发布"。因朱阿姨不愿过多提及个人的患病情况,因此微博使用了笼统的"困难妇女群众"一词。

"@闸北发布"转发"送温暖"微博后,部分网民认为朱阿姨家的装修较为豪华,进而对照片中受助妇女的家庭经济状况提出质疑,认为从朱阿姨家的装修看,她家不像是困难家庭。舆情逐步升温。

3. 舆情发展期

闸北区政府舆情中心监测到该舆情后,立即联系天目西路街道及地梨港居委会了解情况,商讨应对方案。1月16日14时31分,"@天目西路街道地梨港居委会"官方微博发布微博澄清误会,为微博中使用笼统词汇造成网友的误解而道歉,称"因朱阿姨不愿过多提及患病情况,因此在微博中使用了笼统的'困难妇女群众'一词"。"@闸北发布"随即转发了该条微博。

1月16日,新民网以"闸北妇联送温暖引网友热议　居委会澄清'豪华'误会"为题对事件做了报道,并发表述评称"送温暖到'豪宅'引非议,折射网民对公平焦虑"。头条新闻发布微博"上海澄清为住豪宅困难户送温暖争议",引述了闸北区发布的澄清微博,引发大量转发与评论,网友依旧对事件表示质疑。

闸北区区委宣传部一方面主动与上海电视台、《新闻晨报》等主流媒体联系,解释事情缘由,说明事实真相。1月17日,上海市主要媒体都作了较为客观的报道。例如,《新闻晨报》作了主题为"'困难户'家中有投影仪、全套音响　官微发布慰问图片遭质疑　闸北区:慰问实为重病患者"的报道;新民网以"上海闸北区澄清为住豪宅困难户送温暖争议"为题,东方网以"闸北妇联送温暖遭吐槽　'困难群众'实为重病市民"为题,报道了闸北区的澄清说明和解释。在此期间,也有一些网络媒体持批评态度,例如新浪上海的报道题为"闸北妇联送温暖遭吐槽　为显摆自己而授人以柄"。

另一方面,闸北区区委宣传部主动联系微博意见领袖进行沟通。新浪上海新闻频道官方微博"@上海新闻播报"、看看新闻网新闻部主任印济良("@脊梁in上海")等"大V"转发了澄清微博并进行评论,得到了一些网民的正面评价。同时,区委宣传部组织核心网评员进行跟评引导。网络舆论开始向正面转变。

4. 舆情平息期

经过闸北区政府舆情中心、区委宣传部等相关部门的一系列较为及时有效的应对,舆情逐渐平息。

二、舆情分析

1. 媒体报道分析

从2014年1月13日至1月25日,针对该事件共有平面媒体报道5篇,网络媒体报道61篇。从媒体报道趋势来看,此次舆情事件基本呈现出急升急降的态势,即在短时间内达到一个舆情高峰,随后较快地退出了公众视野。从新闻报道量最高的媒体来看,上海本地媒体新浪上海和新民网发稿量最多,均为4篇。但总的来看,北京媒体发稿量略多于上海媒体,排在第三位的是广东媒体。

闸北区妇联送温暖的微博在1月16日发布,当天腾讯大申网、网易等网络媒体以"困难户住'豪宅'闸北妇联送温暖照片引争议"等为题率先对此事进行报道,并引发其他网络媒体转载。

闸北区政府舆情中心监测到该舆情后,立即联系天目西路街道及地梨港居委会了解情况,商讨应对方案,并在1月16日14时31分由"@地梨港居委会"发布微博澄清误会,并向网友和事件当事人道歉。

相关报道在1月17日达到峰值,闸北区区委宣传部主动与上海电视台、《新闻晨报》等市主流媒体联系,解释事情缘由,澄清事实真相。平面媒体的5篇报道都在17日发出。其中4篇为上海本地报纸,如《新闻晨报》《上海商报》《I时代报》,报道内容较为中性,将闸北区政府对此事的澄清作为主要内容进行报道。

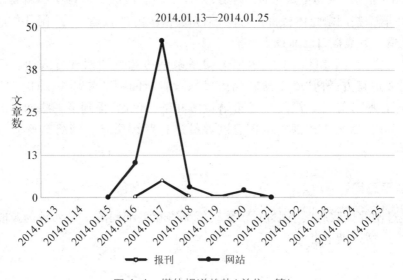

图 4-1　媒体报道趋势(单位:篇)

网络媒体也高度关注此事,一方面,新民网、凤凰网等对官方的澄清和解释进行了转载报道;另一方面也有一些媒体对相关部门提出了批评,例如荆楚网的报道《闸北妇联送温暖为啥遭吐槽?》认为,该事件"被吐槽"的原因"主要是送温暖的形式和被温暖的对象,许多网友说,送温暖要持之以恒,不该局限于节日,同时,送温暖的方式也值得商榷,送上一袋米、两桶油等,本来贫困户还心怀感激,可是由于一些领导为了表现自己,把贫困户当道具,录像拍照,甚至报纸有图像、电视有身影,让贫困户尊严扫地。再就是有的家庭并不贫困而是被温暖等等"。南海网《妇联送温暖何以引"豪宅"误会?》的评论质疑相关部门搞形式主义、作秀。

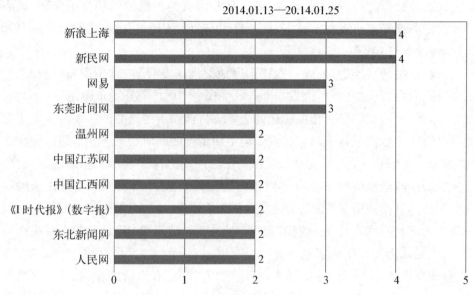

图 4-2　新闻报道量最高的媒体（单位：篇）

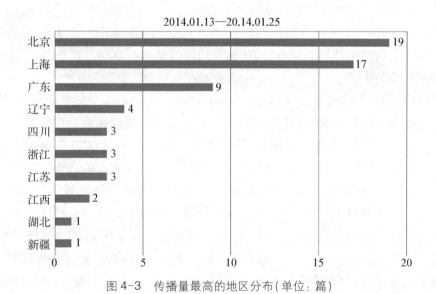

图 4-3　传播量最高的地区分布（单位：篇）

2. 社交媒体舆情分析

从 2014 年 1 月 16 日至 1 月 25 日，在新浪微博上以"闸北妇联 & 送温暖"为关键词抓取数据，共有相关微博 91 条。从新浪微博舆情发展趋势图来看，该事件的微博舆情峰值出现在 1 月 17 日，当日共有 43 条相关微博。微博评论 1 170 条，总转发 3 314 次。

引起该舆情事件的"@天目西路街道地梨港居委会"的首条微博已被删除，闸北区政府官方微博"@闸北发布"于 1 月 16 日 10 时 7 分发布微博："#小北看闸北#昨天，@闸北妇联 把温暖送到了@天目西路街道地梨港居委会 困难妇女群众当中。她们亲自上门在认真了解生活情况的同时送上了春节慰问金和来自'娘家'的关怀。受助妇女对妇联在百忙之中前来探望表示了感激之情，也以亲身经历提醒在座的每一位身体健康的重要性！"配有妇联工作人员在朱阿姨家的照片。该微博引起 3 028 条转发，1 073 条评论。网友评论主要为几个方面：一是认为闸北妇联在作秀，例如"加 V"博主"@敏奇微博"认为"分明在作秀吧！"；二是认为图片中的家庭不像困难家庭，例如"@二货小豆芽"指出，"有背投、有健身设备、有古董、客厅特大、有地毯、有沙发、有组合式音响、身上穿名牌睡衣，你敢说你是困难户？"；三是认为送温暖工作的应该更加公开透明，例如"@平静水 20101"指出："1. 如果这样的家庭需要锦上添花的话，那上海不知有多少家庭需要雪中送炭！建议政府和群团组织每年对送温暖工作对象的条件和名单公示在各居委会，公开透明，接受基层群众监督。2. 如果一个家庭平时吃光用光生了大病就坦然接受政府恩惠（那是纳税人的钱），又怎么鼓励每个家庭勤俭持家防病防灾？"

"@天目西路街道地梨港居委会"于 1 月 16 日 14 时 31 分发布微博"对给网友造成的误解我们深表歉意"称："2014 年 1 月 15 日，我居民区对患妇科重症的妇女进行了走访慰问，照片中的朱阿姨（化名）是其中之一。2013 年她被查出患癌，已手术且还在术后治疗中，原家庭条件尚可，但目前因大病造成经济负担沉重。因朱阿姨不愿过多提及患病情况，因此在上条微博中用了笼统的'困难妇女群众'一词，使网友产生误解，在此深表歉意。今后我们将更加严谨认真。此外，对给朱阿姨造成的困扰表示道歉，希望阿姨尽快恢复健康。"这条致歉微博被转发 203 次，评论有 114 条。新浪上海新闻频道官方微博"@上海新闻播报"转发了此条微博。有近 37 万粉丝的"加 V"博主"@脊梁 in 上海"转发了天目西路街道地梨港居委会的致歉微博，并附加评论"'困难群众'这个用词太笼统。第一时间澄清反应很迅速"。

1 月 17 日，该事件微博舆情达到高峰后迅速回落，至 19 日微博数降为个位数，微博舆情逐渐平息。

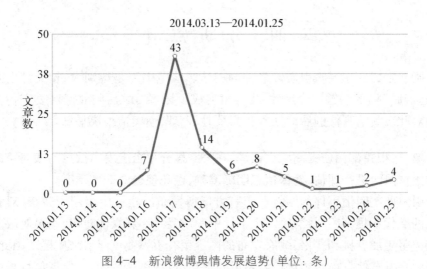

图 4-4　新浪微博舆情发展趋势（单位：条）

三、应 对 处 置

第一，监测到相关舆情后迅速通过微博澄清、致歉。

闸北区政府舆情中心监测到该舆情后立即联系原微博发布方了解情况，并商讨应对方案。在当日下午，"@天目西路街道地梨港居委会"即发布微博澄清误会，说明是由于微博词汇过于笼统造成网友误解，向网友和当事人致歉，并@了"@闸北发布"进行转发。

第二，主动联系主流媒体，澄清事实真相。

闸北区区委宣传部主动与上海电视台、《新闻晨报》、新民网、东方网、中国上海网等上海本地主流媒体联系，解释事情缘由，澄清事实真相。

第三，与微博意见领袖进行沟通，澄清事实真相。

有37万粉丝的微博"大V""@脊梁in上海"转发了"@闸北发布"引起争议的微博，引发大量网友评论，所以闸北区区委宣传部主动联系看看新闻网新闻部主任印济良（"@脊梁in上海"），随后"@脊梁in上海"转发了澄清微博并进行了客观评论。

四、分析点评

闸北区妇联送温暖引质疑事件的舆情影响范围不是特别大,相关部门发布的"送温暖"微博不够严谨细致,将好事变成了坏事。之后闸北区区委宣传部等部门对此次舆情事件的后续处置较为及时、合理,使舆情很快平息。

第一,相关部门应提高媒介素养,在公共媒介平台上发布信息前须对可能存在的舆情风险进行评估,确保信息明晰准确,避免使公众产生疑惑。

引发此次舆情事件的原因在于官方微博发布的相关内容用词笼统,对背景信息的交代不足,使一些网民产生了误解和质疑。在新媒体时代,网民对政府的舆论监督更加直接和严格,政府发布的内容稍有不慎便可能引来质疑。因此,相关部门在发布信息前必须进行舆情风险评估,过滤舆情风险点,保证信息导向正确、明晰准确,避免此类事件再次发生。

第二,闸北区舆情监测较为及时,第一时间作出回应,反应较为迅速。

闸北区政府舆情中心在监测到相关舆情后立即联系原微博发布单位了解情况并商讨应对方案。"@天目西路街道地梨港居委会"在当日下午即发布澄清微博,把握舆情处置的黄金时间,反应较为迅速,对控制事态起到了重要作用。

第三,主动联系媒体,微博意见领袖多渠道、立体化澄清事实,使舆情在较短时间内得以平息。

舆情事件发生后,闸北区区委宣传部一方面主动与上海电视台、《新闻晨报》、新民网、东方网、中国上海网等市主流媒体联系,解释事情缘由,澄清事实真相,使市主要媒体较为全面地掌握了事件信息,客观地报道了该事件,发布了闸北区政府的澄清信息。另一方面,在自媒体时代,网络意见领袖的影响极大,其非官方的观点更容易被公众接受。闸北区相关部门向此事件中的舆论领袖——"大V""@脊梁in上海"解释、澄清事由,并请其转发澄清微博,对扭转舆论态势起到了积极作用。

第四,相关部门在进行澄清时,在不泄露当事人隐私的情况下,应尽可能提供一些事实证据,以增强声明的说服力,扭转舆情态势。

在此次事件中,相关部门在澄清时可附上一些证据材料,比如受助人的患病证明、经济困难证明等,以增强回应的说服力,打消网友的疑问。

3

公共卫生类

浦东新区外科医生患 H7N9 禽流感事件

一、事件概况

1. 舆情酝酿期

2014年1月11日,浦东新区人民医院普外科急诊医生张某某发病并自行服药,后因病情持续恶化转至ICU病房进行抢救。1月18日4时59分,张某某经抢救无效死亡。因病情恶化比较迅速且常用药物使用无效,有患禽流感的可能。浦东人民医院在患者离世24小时内,即1月18日20时52分,以"人感染H7N9禽流感疑似病例"对此病例进行了网络直报。

1月18日21时,浦东新区疾控中心将患者咽拭子标本送市疾控中心进行复核检测。此时虽没有最终公布检验结果,但根据临床情况,张某某有较大可能性感染H7N9禽流感,加之医院已经以疑似病例的情况在网上进行了直报,所以媒体和公众对此事比较关注。在H7N9禽流感这一致命的流行性疾病面前,舆情风险一触即发。

2. 舆情爆发期

1月19日2时30分,经市疾控中心复核检测,结果确认张某某的检测结果为H7N9禽流感病毒核酸阳性。但由于此消息未能及时公之于众,19日当天出现大量网络讨论,怀疑医院隐瞒了禽流感疫情。而直到1月20日上海媒体《东方早报》刊出《上海32岁急诊科医生重症肺炎不幸去世》,才出现了第一篇正式报道。其他媒体转载和讨论此篇报道,舆情进入爆发期。1月20日中午,上海市卫计委向媒体发出通告,报告"新增人感染H7N9禽流感病例"。

3. 舆情发展期

面对快速发展的舆论,1月20日下午,上海市副市长翁铁慧召开专题会议并明确事件处置的相关工作:疫情发布由市级层面落实,卫计委根据市防控要求做好H7N9防控工作,浦东新区做好病逝案例的善后工作和媒体应对工作。

1月20日22时25分,上海市卫生局官方微博"@健康上海12320"发出通告,公布张某某感染H7N9禽流感情况,并援引专家观点指出目前病例仍未散发。23时8分,上海市政府新闻办公室官方微博"@上海发布"转载"@健康上海12320"的通告。20日之后,市各级卫计委及本地媒体对此次疫情持续关注,不断更新关于H7N9病例的研究情况及预防措施。

4. 舆情平息期

得知医生张某某是感染H7N9禽流感去世,社会大众最为担心的是:张某某是否是在接诊过程中感染?疫情有没有进一步扩大的可能?针对这种质疑,东方网在1月21日刊载文章《吴凡代表:H7N9病情高发季节尽量不要接触活禽》,《东方早报》在22日刊发专家文章《"无证据表明H7N9人传人"》,对H7N9"人传人"的可能进行了科学的讲解,消除了大众的忧虑,并提醒广大市民尽量不要接触活禽,做好自身防范。公众对于疫情扩散的顾虑逐渐消弭,舆情随之走向平息。

二、舆情分析

1. 媒体报道分析

在2014年1月19日至1月25日期间,共有平面媒体报道118篇,网络媒体报道675篇。其中1月21日为报道的高峰期,共有487篇媒体报道,而在22日和23日便降至107篇和18篇,舆情逐渐降温。

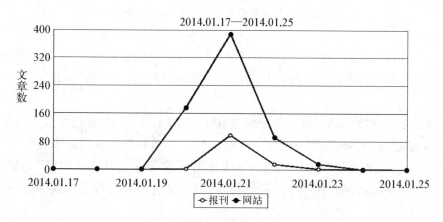

图5-1 媒体报道趋势(单位:篇)

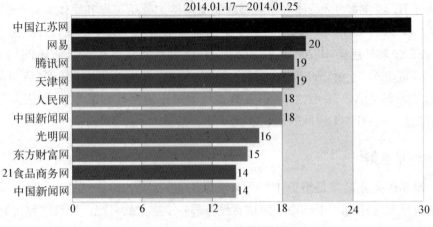

图 5-2　新闻报道量最高的媒体（单位：篇）

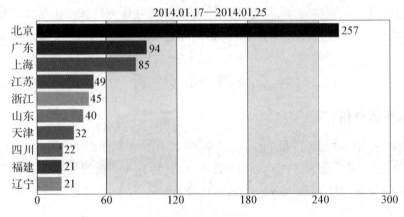

图 5-3　传播量最高地区分布（单位：篇）

新闻报道量最高的三个媒体分别是中国江苏网、网易和腾讯，全部为网络媒体，其中网易和腾讯均为大型门户网站。传播量最高的三个地区为北京、广东和上海。

最早跟进的媒体是《东方早报》，它在1月20日6时51分便在东方早报网上发布了题为"上海32岁急诊科医生重症肺炎不幸去世"的报道，提及患者"发烧两天仍带病坐诊""或因怕拖累同事不愿请假""妻子已怀孕7个月"等情况，并援引院方的说法称"疾控中心已经取样，很快会有结果。截至昨晚9时，尚未得到结果"。

而在上海卫计委官网通报疫情之后，有56家网络媒体都以"上海新增两例

H7N9死亡病例　一人为31岁外科医生"为标题,直接转载了来自上海卫计委官网的疫情信息。相关舆情自此开始爆发。

1月21日,《钱江晚报》对抢救会诊张某某的专家进行了专访,受访的卢洪洲教授表示:"医院没有H7N9病例,所以张晓东不是被(病人)传染致死。"报道强调了该病例不是"人传人"。此专访被光明网、腾讯网等媒体广泛转载。

1月22日,每日经济新闻的记者综合从中国疾控中心、卢洪洲教授、上海市政府新闻办公室等处获取的信息,指出"未发现人传染人,疫情在可控范围内",上海市也"已采取季节性停市和定点活禽交易等"措施。

2. 社交媒体舆情分析

在新浪微博上以"上海&医生&H7N9"为关键词进行数据抓取,在2014年1月17日至2月25日的时间范围内,共有相关微博823条。从新浪微博舆情发展趋势图来看,该事件的新浪微博舆情峰值出现在1月19日至1月25日,共有367条相关微博。

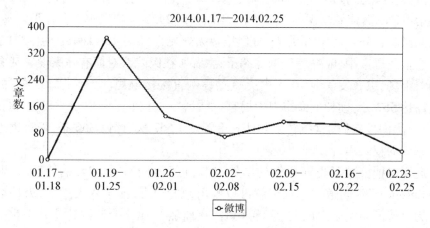

图5-4　新浪微博舆情发展趋势(单位:条)

在上海市卫计委在官方网站上公布疫情之后,中央电视台新闻中心官方微博"@央视新闻"便发布了相关微博。2014年1月20日14时45分,"@央视新闻"发布微博称"上海新增2例H7N9禽流感确诊病例　均经抢救无效死亡"。该微博用较短篇幅转载了上海卫计委的官方通告,没有作过多点评,同时配图展示了日常生活中哪些做法可以预防禽流感等流行传染性疾病。此微博共获得2 199次转发和399条评论。

较早在微博上正式发布该事件的还有《环球时报》的官方微博"@ 环球时报微博",在 1 月 20 日 15 时 39 分发布微博:"【医生感染 H7N9 仍坚持工作,不幸身亡留下怀孕 7 月妻子[泪]】据东方早报,上海浦东新区人民医院 32 岁的医生张晓东,虽患肺炎高烧不退,仍坚持坐镇急诊外科,不料 17 日晚突然病重,确诊为 H7N9 禽流感,抢救无效身亡,留下 7 个月身孕的妻子……据悉,他的病情本可控制,可他却坚持在全医院最累的科室带病上班……"该微博共获得 477 次转发和 418 条评论。关注张医生带病工作的职业精神,引起了众多网友的支持和同情。

而在 1 月 20 日晚上,上海市卫生局官方微博"@ 健康上海 12320"于 22 时 25 分在微博上正式披露了该病例的基本情况,称"市卫生计生委通报本市一医务人员感染 H7N9 禽流感情况,专家指出目前病例仍为散发",并通过图片长微博详细通报了该医生患病至去世的整个过程,微博援引专家言论将此次病例定义为"散发"。受限于"@ 健康上海 12320"自身的影响力,此条微博关注人数较少,仅仅获得 41 次转发和 11 条评论。

半小时之后,上海市政府新闻办公室官方微博"@ 上海发布"于 23 时 8 分援引此微博,并将公告信息精简提炼之后发布:"【市卫生计生委通报张姓医务人员感染 H7N9 禽流感情况】#最新#@ 健康上海 12320 今晚通报:患者张某某,为浦东某医院普外科医生,1 月 18 日经抢救无效死亡,1 月 19 日确诊。患者 1 月 4 日曾住宿父母家中,隔壁邻居饲养鸽子;患者所在医院斜对面有一家设有活禽交易的菜市场;患者发病前 10 天内无流感病例直接接触史。""@ 上海发布"的粉丝量高达 557 万,远超上海市卫生局官方微博"@ 健康上海 12320"13 万的粉丝数。"@ 上海发布"的这条转发共计获得转发 1 567 次、评论 366 条,强有力地发出了官方的权威声音。

此则微博公布了更加详细的事件细节,也受到了一些网友的质疑。例如,"@ bringebaer"就问道:"这一天就可以验出来的病毒,拖了六天才治,为什么!"而更为直接的质问来自网友"@ 漂洋过海夜航船",他评论道:"这位张医生交大医学院硕士毕业,才 31 岁,连续几天发热却请不到病假坚持上班直到 1 月 18 日病情加重抢救无效死亡,1 月 19 日确诊。现在又怪罪邻居的鸽和医院斜对面的菜市场,按照这个节奏该是邻居和卖活禽先感染禽流感吧!故事能编得有点常识不?"此评论很能代表部分网友对政府部门的不信任心态。官方通告和网友的认知与观点出现矛盾,网友会产生质疑。官方要与公众进行及时沟通,把一些疑点解释清楚,以获取公众的理解和信任。

总体来看,大部分网友接受官方的通告,部分网友针对家养鸽子行为等进行了讨论。例如,"@ 喵喵喵_瞎折腾"表示:"我觉得很奇怪,为何鸡这种不会飞的圈养禽类被杀,而鸽子这种到处飞的东西却不灭了它。为什么暂停活禽交易,却不挨家挨户检查是否有养鸽户。养鸽户是不肯轻易放弃他们的鸽子的,所以应该有执法部门取缔才是啊!"

1月26日以后,社会对于此事件的关注逐渐降温,议题由公共卫生事件议题转向如何预防禽流感的科普议题,专家学者在媒体上为民众普及了禽流感的感染渠道和发病方式,舆情逐渐趋于平息。

三、应对处置

第一,预先研判风险可能性,提前"放风"埋伏笔。

患者张某某于1月18日4时59分经抢救无效离世。1月19日2时30分张某某的检测结果为H7N9禽流感病毒核酸阳性。也就是说,在患者离世到确诊禽流感中间,共有21.5小时的"信息真空期",这一时期内如果没有相应的疫情信息进行填补,则会给谣言的滋生留下空间。

浦东人民医院于18日20时52分以"人感染H7N9禽流感疑似病例"对此病例进行了网络直报,填补了信息空白,一方面为日后的"确诊"埋下伏笔,不至于在舆论上陷入被动;另一方面又是以"疑似病例"的名义通报,保证了严谨性的同时也给自己留下了退路。

第二,持续跟进,邀请专家学者发言,引导舆情走向。

在通报疫情之后的近一周时间内,市各级卫计委及本地媒体对此次疫情持续关注,不断更新关于H7N9病例的研究情况及预防措施。例如,东方网21日的文章《吴凡代表:H7N9病情高发季节尽量不要接触活禽》、《东方早报》在22日的文章《"无证据表明H7N9人传人"》,对"人传人"的可能进行了科学的讲解,消除了大众的忧虑,并提醒广大市民尽量不要接触活禽,做好自身防范。这些报道内容大多来自卫计委等权威部门及相关专家,通过回应公众对H7N9的疑问,普及相关知识,呼吁市民及相关部门积极做好H7N9的防御工作。

四、分析点评

第一,应善于通过本地主流媒体发出权威声音,抢占信息第一落点和首发解释权。

本地媒体往往具有对新闻源的近距离区位优势,更容易接触新闻源,同时也有固定的条线记者对所属条线新闻事件进行持续关注。在舆情爆发之初,几乎所有的中央媒体、外地媒体和网络媒体都援引了《东方早报》的相关报道,《东方早报》作为上海影响力巨大的都市类报纸在本次公共健康事件的报道中占据了权威地位。

因此,相关部门应与当地媒体建立坦诚互信的关系,并与媒体的条线记者保持密切的日常联络。在出现突发事件时,应及时主动与当地媒体进行联系,提供相应的信息,抢占新闻的第一落点和首发解释权,这样才能在舆情应对中占据主动地位。

第二,事件应对稍有延迟,危机事件刻不容缓。

1月20日中午,上海市卫计委向媒体发出通告,报告新增"人感染H7N9禽流感病例"。而在20日一早,《东方早报》就已刊登报道《上海32岁急诊科医生重症肺炎不幸去世》,定性仍为"重症肺炎",这一定性引发了民众的质疑。

需要注意的是,20日的《东方早报》是在19日晚间截稿清样,而其实19日凌晨,就已经确诊疑似病例确属H7N9禽流感。如果能尽早与媒体进行沟通,及时向媒体通报信息,那么《东方早报》就能更早获得此事件的详细信息,就不会出现"重症肺炎"的提法,以致引发民众的质疑。

遇到类似的突发性公共事件,相关部门应该在第一时间联系上级政府部门,尽量做到"早通报、早处理",不留时间差,避免引发舆情风险。

第三,公共卫生事件中科普要先行,而不是在事件发生之后再追加解释。

此事件发生之后,上海市卫计委联络了多家媒体,通过专家对H7N9的传播条件和传播方式进行了讲解,在市民中开展科普活动,这在一定程度上消除了大众对于疫情传播的担忧。但如果这种科普工作能够在平时就持续开展,提高公众对H7N9的认知,而不是在疫情事件发生之后再亡羊补牢,将会减少很多谣言与舆情风险。即使出现了突发事件,整个社会也能够比较理性地对待,配合政府渡过危机。

希革斯电子（上海）有限公司员工集体就医事件

一、事件概况

1. 舆情酝酿期

2014年2月11日晚到12日凌晨，位于上海市嘉定区的希革斯电子（上海）有限公司发生部分员工因身体不适集体就医的情况，疑似食物中毒，分别送至4家医院救治。

2. 舆情爆发期

2月12日12时36分，上海文广新闻传媒集团电视新闻中心社会新闻记者"@宣克炅"发布微博，题目为"上海嘉定一工厂疑似食物中毒200人送医"，微博称11日夜晚、12日凌晨，嘉定区希革斯电子有限公司发生疑似食物中毒事件，大约200名员工送医救治。嘉定区卫监、疾控等部门已经介入调查，医院也开通绿色通道展开救治。目前病人病情平稳。送餐公司老板已经接受调查。宣克炅的微博发布后，中央电视台、上海电视台、《新民晚报》、新华网、腾讯大申网等媒体跟进报道此事。

3. 舆情发展期

随着微博"大V"对此事的曝光及媒体的跟进报道，事件在新浪微博上引发热议，网友对事故的原因及具体情况进行追问。

2月12日17时29分，嘉定区官方微博"@嘉定发布"发布微博，题目为"希革斯部分员工身体不适原因调查中"，微博确认12日凌晨1时起，希革斯电子（上海）有限公司部分员工出现乏力胸闷、心慌伴发热等症状，299人就医。嘉定区食药监、安监、卫生、质检、环保、公安等部门正在对原因进行联合调查。17时31分，"@嘉定发布"再次发布微博，对希革斯公司的情况进行了简要的介绍。

2月13日,《新民晚报》《青年报》《劳动报》等上海本地传统媒体对该事件进行了报道,指出送医员工们病情稳定,相关部门已展开联合调查。东方网发布标题为"嘉定一企业多人昨身体不适 初步排除禽流感可能"的新闻,对网友的猜测进行辟谣。

2月14日,《上海法治报》以"头晕恶心呕吐,嘉定一公司员工集体不适308人先后就医 目前无法判断具体病因 化验结果最快今明公布"为标题,公布事件最新进展。

4. 舆情平息期

随着官方微博不断进行信息公开,网民的猜疑逐渐平息,传统媒体也未继续跟进。

二、舆情分析

1. 媒体报道分析

从2014年2月10日到2月16日,共有平面媒体报道8篇,网络媒体报道42篇。媒体报道在2月12日到2月13日达到高峰,随后快速下降。从新闻报道量最高的媒体来看,腾讯大申网、东方网的报道量分别为5篇、4篇,排在前两位。从传播量最高的地区分布来看,此事在上海报道最多,北京的媒体报道量仅次于上海。

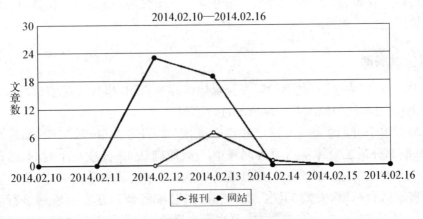

图6-1 媒体报道趋势(单位:篇)

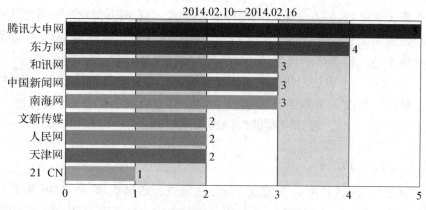

图6-2 新闻报道量最高的媒体(单位:篇)

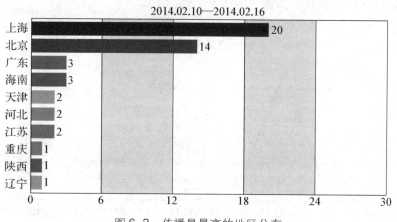

图6-3 传播量最高的地区分布

2月12日16时29分,东方网发布新闻,标题为"沪嘉定一公司299名员工突发不适集体就医 均无生命危险"。随后,腾讯大申网以"嘉定一公司299名工人突发不适 集中就医"为标题发布新闻。中国新闻网也发布新闻"上海嘉定一工厂299名员工疑似食物中毒"。

2月13日,《新民晚报》《青年报》《劳动报》等上海本地传统媒体以"嘉定一工厂近三百名员工食物中毒"等为标题报道了该事件,介绍了事件概况,指出"目前299人中尚有9名症状显著者留院观察,病情稳定,无生命危险,其余员工门诊后已返回","食药监、安监、卫生、质检、环保、公安等部门已联合展开调查,将尽快查明原因"。东方网、腾讯大申网等网络媒体也对该事件进行了持续跟踪。

在微博舆论场,网友纷纷猜测事件的原因,其中有网友猜测造成员工集中就医的原因是禽流感。针对这一情况,东方网在13日发布标题为"嘉定一企业多人昨身体不适 初步排除禽流感可能"的新闻,进行辟谣。

2月14日,《上海法治报》以"头晕恶心呕吐,嘉定一公司员工集体不适308人先后就医 目前无法判断具体病因 化验结果最快今明公布"为标题,公布事件最新进展。之后,媒体没有进行持续跟进报道。

2. 社交媒体舆情分析

在新浪微博以"希革斯 & 嘉定"为关键词进行数据抓取,在2014年2月10日至2月18日的时间范围内,共有相关微博8条,微博评论31条,总转发72次。从新浪微博舆情发展趋势图来看,该事件的新浪微博舆情峰值出现在2月12日,当日共有7条相关微博。

图 6-4　新浪微博舆情发展趋势(单位:条)

2月12日12时23分,上海文广新闻传媒集团电视新闻中心社会新闻记者"@宣克炅"发布微博,标题为"上海嘉定一工厂疑似食物中毒200人送医",事件开始引起关注。随后,"@嘉定发布"发布微博证实此事,"@新民晚报新民网""@新华上海快讯"也跟进报道了事件。

12日17时29分,嘉定区官方微博"@嘉定发布"发布微博,题目为"希革斯部分员工身体不适原因调查中"。17时31分,"@嘉定发布"再次发布微博,对希革斯公司的情况进行了简要的介绍。随着官方微博不断进行信息公开,网民们对事故的具体原因及情况进行了追问,例如"@awesomeht"质疑"什么原因呢,是外包的还是公司内部的食堂啊";有一些网民对中毒原因进行了猜想,"@nikki_TANG"表示"是禽流感吧,鸡瘟";有个别网民对299人中毒的数字表示质疑,例如"@丁麻思怡—cici"质疑道:"为什么不是300或者300+啊?"

但是,由于事件未引发进一步的恶劣后果,随着后续媒体的辟谣,微博舆情较快平息。

三、应对处置

第一,主动服务媒体,积极通过媒体向外发布官方信息。

2月12日上午,获悉有记者到现场采访的消息后,嘉定区新闻办立即启动应急预案,第一时间派员赶往现场做好媒体采访的接待工作。

区新闻办通过现场沟通交流,掌握了到场采访的媒体名单及采访倾向,并在充分考虑媒体报道需求的基础上,整合各部门反馈的信息,现场拟写新闻稿(主动发布的信息)交事件处置指挥长审定后发布。

同时,区新闻办在现场也尽量配合媒体采访的需要,帮助协调人员接受采访,联系拍摄现场,引导媒体做好新闻的采制工作。

此外,在后续整改期,区新闻办与区安监局、区卫生局保持密切沟通,主动跟进事件调查进展,并适时将现场指挥长审定的新闻口径向媒体传达,将事件的基本情况通过新闻媒体向社会公开。

第二,按需发布,保证主流声音持续传播。

2月12日中午,媒体报道播出后,在网络上短时间内引发了大量网民对事件的议论。在热议中,网民纷纷对事故原因、涉及人数等进行猜测。

为避免猜测和谣言在网上流传,12日17时29分起嘉定区新闻办政务微博"@嘉定发布"连续发布两条微博,公布事件中就医人员经诊治后的恢复情况及涉事企业的生产性质,在满足网民知悉真相欲求的基础上,控制了谣言产生和传播的空间。

第三,持续监测,动态调整应对方案。

在舆情热度持续期间,区新闻办通过监测及综合分析研判,锁定了相关利益人的表达规律和途径。在进行专项舆情监测时,区新闻办把"嘉定吧"、嘉定都市网论坛和腾讯微博平台作为监测重点,并实时根据网情对舆情走势进行研判,摸清网民发帖的真实动机和具体诉求,并制作成专报供领导决策参考。

另外,在应急处置期间,区新闻办还与区质监局、卫生局保持密切联系与沟通,并根据处置的进展情况,不断发布事件最新进展情况、多次调整备用的对外新闻稿内容,做好与媒体的通联工作。当事件进入常规处置阶段后,区新闻办又按照领导要求,同时根据媒体及网民的反应,合理调整对外发布的范围和时机,将原定的对外发布计划暂缓实行,将事件的负面影响控制在最小范围内。

四、分析点评

在此事件中,相关部门积极采取应对措施降低舆情影响,然而其中有一些工作仍有继续改进的空间。

第一,信息发布比较被动,回应较为迟缓,失去了主动权。

2月12日12时36分上海知名新闻人"@宣克炅"发布第一条微博曝光该事件后,嘉定区政府官方微博"@嘉定发布"在当天17时29分才发出第一条微博,证实事件情况。其间过了近5个小时,错过了舆情处置的"黄金4小时"。

在"@宣克炅"发布相关信息后,网友就开始在网络上针对事件原因进行各种猜测。如果"@嘉定发布"在21日凌晨事件发生后,或在外界曝光信息发布之后,尽快通过官方微博发出权威声音,就能在很大程度上避免一些无根据的猜测。

第二,应持续关注舆论发展态势和公众关注的焦点,有针对性地进行持续回应,消除谣言滋生的空间。

在2月12日傍晚连续发布两条微博之后,面对13日媒体的跟进报道和微博上尚未消退的舆情,"@嘉定发布"没有再针对集体就医事件发布任何官方信息。虽然微博舆情逐渐平息,但是政府对事件的处理和信息公开应当有始有终,展现出负责任的态度。同时,在此类事件中,面对网友们的追问和猜测,如果不进行正面回应,很可能给谣言的滋生留下空间。因此,相关部门应当公开对事件的调查结果,针对网友追问进行持续性回应,消除滋生谣言的风险。

金山卫镇两名幼儿
因病先后死亡事件

一、事件概况

1. 舆情酝酿期

2014年3月18日和20日,金山卫镇两名幼儿因疑似重症手足口病,经金山医院抢救无效先后死亡。3月20日24时许,金山区新闻办收到信息后,第一时间赶赴金山医院。春季为手足口病高发时期,加上患病的两名幼儿同属金山卫镇爱苗看护点,疫情有进一步扩大的可能,也容易引起社会公众的恐慌。

2. 舆情爆发期

3月20日晚,网络论坛和社交媒体上开始出现相关舆情。在SPC365论坛、新金山论坛、新浪微博上分别出现死亡患儿家属所发帖文,质疑医院存在医疗责任,要求医院给说法。由于之前金山卫镇爱苗看护点曾被点名指出没有消毒制度、没有卫生许可证、无晨检记录等情况,并在2011年被列入建议取缔的看护点之列[1],事件舆情有可能进一步恶化。

面对这种情况,3月21日10时金山区卫生计生委官方微博"@上海金山卫生计生"发布关于两患儿死亡的首条信息,通报基本情况,"@金山传播"予以转发。21日15时,新民网刊发首篇报道,新华网、人民网、东方网等网络媒体转载。21日下午,在两例死亡幼儿确诊为重症手足口病后,"@上海金山卫生计生"立刻发布第二条微博。与此同时,金山卫镇社区卫生服务中心和公安部门、村居委协同开展工作,对爱苗看护点学生家长作停课解释,对看护点室内外进行消毒,并安排各进园医生对中小学校、幼儿园等进行督导,落实看护点所有学生的随访。21日18时30分,上海电视台新闻综合频道对区卫计委官方微博发布的主要内容进行了报道。

---

[1] http://sh.qq.com/a/20140322/006065.htm#p=1.

3. 舆情发展期

微博"大V""@直播上海"在3月21日发布两条微博,对看护点的情况、医院的诊治情况提出质疑。

3月22日,上海电视台、《解放日报》、《新民晚报》、《新闻晨报》、《东方早报》等媒体相继对此事做了报道。广泛的报道也引来了记者的多次约访。22日上午,上海电视台记者对此事进行专访,区新闻办协调区卫生计生委、区教育局、金山医院、金山卫镇相关负责人积极配合,对媒体和公众关心的问题一一作出解答。

3月22日18时30分上海电视台《新闻报道》播出《金山:启动全区监测排查幼儿手足口病》,报道了金山区各相关部门应对此事的防控处置措施,较为正面地呈现了此事发生之后金山区所做的应对举措。

4. 舆情平息期

上海电视台《新闻夜线》原本要做记者现场连线,欲采访金山幼儿看护点等问题。一旦报道,则有可能围绕"幼儿看护点"引发第二次舆论关注的高峰。后经金山区区委宣传部商请市委宣传部新闻出版处协调后取消,改为以此事为由头,邀请专家普及手足口病知识,整条新闻避开了"金山区"的话题。3月22日22时专题片《手足口病,请绕行》在上海电视台《新闻夜线》播出,公众关注焦点从事件本身转向手足口病防疫问题,事件舆情随之渐渐平息。

二、舆 情 分 析

1. 媒体报道分析

在2014年3月21日至3月28日期间,共有平面媒体报道12篇,网络媒体报道84篇。其中3月22日至23日为报道的高峰期,分别有33篇和49篇媒体报道,而在24日和25日骤降至11篇和1篇,舆情迅速冷却。

新闻报道量最高的三个媒体分别是天极网、舜网、华商网,全部为网络媒体。传播量最高的两个地区为北京和上海。

传统媒体中最早对此事件进行报道的是《新民晚报》旗下的新民网。3月21日上午,新民网记者便援引"@上海金山卫生计生"的消息称:"3月18日、20日,金山区金山卫镇两名儿童发病,由家长送医院,经全力抢救无效死亡,这两名儿童来自同一外来儿童看护点。"随后,新民网在网页上两次对事件报道进行了

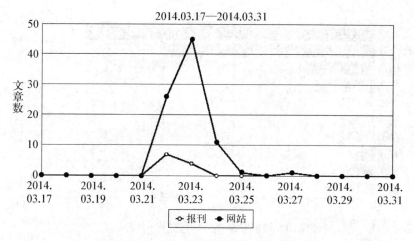

图 7-1 媒体报道趋势(单位：篇)

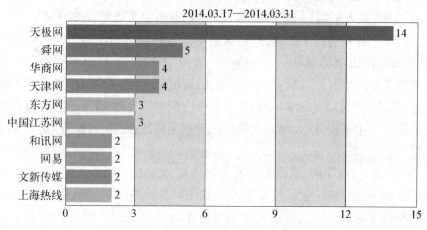

图 7-2 新闻报道量最高的媒体(单位：篇)

更新："下午 5 点 12 分,@上海金山卫生计生：经市级儿科专家会诊,结合市疾控中心实验室检测,根据手足口病诊断标准,金山卫镇爱苗幼儿看护点两例死亡幼儿均为重症手足口病病例。""20 时许,@上海金山卫生计生：连日来,金山卫镇针对 2 名死亡幼儿所在的爱苗看护点进行全面排摸,安排专人上门,通知有发热咳嗽症状的儿童到金山医院检查治疗。目前,该看护点已被关闭,由防疫部门进行彻底卫生消毒。同时,组织村(居)干部会同看护点工作人员以电话、上门等形式提醒家长增强防护意识,保持良好生活习惯。"这些报道对手足口的疫情进行了官方的确认,并交代了官方对于此事的应对措施。此报道被众多网络媒

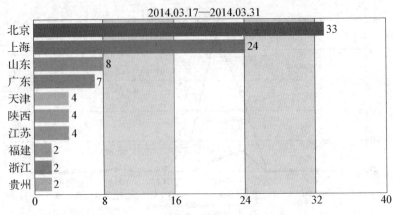

图 7-3 传播量最高的地区分布（单位：篇）

体转载，掀起了此事件的报道高峰。

22日的《东方早报》刊登综合性报道《上海两幼儿染手足口病死亡》，对事件发生的整个过程进行了梳理，并在报道后半段将议题引向对手足口病的预防措施上，提示广大市民"勤洗手，保持口腔清洁，多饮白开水或清凉饮料，多吃新鲜蔬菜和瓜果。同时注意居室内空气流通、温度适宜，经常彻底清洗儿童的玩具或其他用品"，并且对儿童家长也提出了相应的建议。这则报道为此事件之后的舆论奠定了主基调，广大媒体在随后几天也主要围绕"疾病预防"这一主题展开报道。

22日，网易、新华网、腾讯大申网等网络媒体发表了图片新闻《上海2名儿童死于重症手足口病　家属接走遗体》，其中网易的报道引发热烈反响，有近万名网友参与评论。网友的评论大多是为孩子的逝去感到惋惜，例如"看的心里真难过，孩子走好"，"可怜的宝贝，天堂里安息"；也有网友提问手足口病到底是一种什么病，有网友引用百度百科进行了解答。

在本次事件中，上海电视台在21日、22日进行了跟踪报道，在报道事件概况的基础上，22日晚《新闻报道》节目播出的《金山：启动全区监测排查幼儿手足口病》报道了金山区相关部门采取的应对举措。同时，上海电视台的《新闻夜线》节目还播出了专题片《手足口病，请绕行》，推动了对相关科普知识的推广和宣传。

2. 社交媒体舆情分析

在新浪微博以"金山 & 幼儿 & 手足口"为关键词进行数据抓取，在2014年3月20日至3月27日的时间范围内，共有相关微博35条。从新浪微博舆情发展趋势图来看,该事件的新浪微博舆情峰值出现在3月21日至3月24日,其间共有32条相关微博。

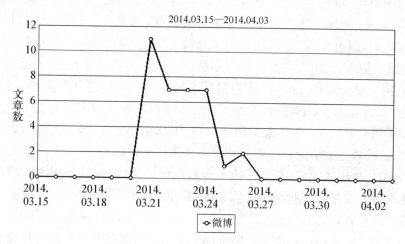

图 7-4　新浪微博舆情发展趋势(单位:条)

上海市金山区卫生和计划生育委员会官方微博"@上海金山卫生计生"于3月21日10时18分发布第一条微博,称:"3月18日、20日,金山区金山卫镇两名儿童发病,由家长送医院,经全力抢救无效死亡。这两名儿童来自同一外来儿童看护点。死因正由市、区专家进一步调查。@金山传播。"该微博简单介绍了事件发生的情况,而此时疫情还没有得到最终确认,在文末,此微博还特意请上海市金山区人民政府新闻办公室官方微博"@金山传播"进行转发。一分钟后,"@金山传播"便用iPhone手机客户端及时转发了此条微博。

21日17时12分,"@上海金山卫生计生"更新微博称:"(续报)经市级儿科专家会诊,结合市疾控中心实验室检测,根据手足口病诊断标准,金山卫镇爱苗幼儿看护点两例死亡幼儿均为重症手足口病病例。"由此确认了手足口病例,并在晚上八时之后连续更新两则微博,介绍了金山区的应对措施。

这种及时更新的发布机制也获得了部分网友的认可,例如"@福中田沃"便在疫情确认之后发出评论:"检测挺快的。还是要注意个人卫生!"网友"@granoo7297"也对相关部门的应对行动提出表扬:"安全第一,赞一个!"

在微博上,大部分网友对两个孩子的逝去表示惋惜。"@环球热媒体"发布微博介绍了此事,并在结尾着力提到:"各位父母要注意孩子的卫生![泪]孩子走好[蜡烛]!"该微博共获得314次转发和69条评论,在评论中绝大多数的网友都点燃了蜡烛,为去世的儿童祈福送行。

在微博舆论场中也出现了一些负面舆情,网友对看护点的情况、医院的诊治情况提出质疑。拥有近32万粉丝的上海本地资讯类微博"@直播上海"在21日14时51分发布微博:"【上海金山一儿童看护点 2儿童发病身亡】3月18日、20日,金山卫镇有2名儿童发病,送医抢救无效后死亡。这2名儿童来自同一外来儿童看护点,其中1人是看护点老板的小孩。他称孩子在17日出现发热、呕吐等不适,输液后仍未好转,18日过世。另一名儿童是这个看护点学生,而该看护点曾2次上了金山教育局黑榜。"同日21时10分,此微博更新称:"【上海金山一外来儿童看护点 2儿童发病身亡】3月18日、20日,金山卫镇有2名儿童发病,送医抢救无效后死亡。经专家检查为重症手足口病。#以下为微信朋友圈看到的内容,金山医院要倒霉了,40万走起的样子么。。[挖鼻屎表情]#"。在微博中还附带了四张微信朋友圈的信息截图,里面介绍了一名家长带孩子去医院看病的全过程,透露的信息是医院的延误诊断导致儿童过快死亡,"40万走起"则是博主对医疗纠纷赔偿的一种推测。这两则微博在官方信息之外提供了来自民间当事人的信息,包括对看护点资质和医院诊治过程等的质疑。两条微博共获得114次转发和35次评论,引发了网友的进一步质疑和批评,例如"@colins888"评论道:"黑榜也不关掉。"

总体而言,该事件在微博上未引发大范围的讨论。正面舆论与负面舆论兼有,既有对孩子的惋惜,也有对相关部门和医院的质疑。但是负面舆论未进一步发酵形成大规模舆情事件。

三、应 对 处 置

第一,加强值守,及时通报舆情。

2014年3月20日晚起至23日连续四天,金山区新闻办安排专人在金山医院值守,全面监测区内外网站、论坛、微博及媒体报道情况,发现新情况即以短信方式告知相关领导及相关部门和单位。同时,为稳妥有序开展处置舆情、规范新闻发布程度等,新闻办给现场处置提出了相关工作意见与建议。

第二,向上沟通,主动报告事件情况。

3月21日一早,金山区新闻办以电话、传真等形式向上海市委宣传部、市新闻办、市网信办等报告此事,恳请上级部门在媒体报道和舆情监测、分析研判与处置等方面给予大力支持和帮助,并及时与市政府新闻办新闻发布处的领导取得联系,在他们的指导下,与区卫计委一起,密切合作,加强沟通,有序展开媒体接待和舆情处置工作。

第三,及早准备,制定发布口径。

3月21日上午,根据上海市政府新闻办新闻发布处指导意见,明确了由区卫计委作为涉事主体责任部门,负责统一对外信息公开和新闻发布。按照区领导的要求和"快报事实,慎报原因"的原则,区新闻办牵头,区卫计委、金山卫镇等有关方面议定了第一条新闻发布口径,并经现场处置指挥的有关领导、区应急办和市卫生计生委分别审核后,由区卫计委通过官方微博及时对外发布权威信息。同时,建议相关部门加快检测病例,查明病因,公开信息,防止因网上谣言传播而引起大范围负面舆情。

第四,主动发声,表明政府积极态度。

由于事件涉及公共卫生领域,按照区突发公共事件舆情处置舆论引导有关文件精神,经协商和区领导同意,确定了由区卫计委官方微博主发布、"@金山传播"及时跟进转发的信息回应策略,把握住信息发布的适当层级。相关微博为媒体和公众提供了权威信息,也为社会公众掌握手足口病防范知识发挥了作用。在区新闻办的统一组织协调下,区广播电视台、《金山报》、金山手机报等媒体、网络及时发布事件进展情况。

第五,善待媒体,做好媒体接待和新闻应对工作,适时转移舆论焦点。

本次事件发生后,区新闻办共接待区外媒体3批次,接听记者采访来电30余次,均以统一新闻口径答复媒体。新闻媒体邀请专家普及手足口病知识,加深公众对疾病防疫的了解。经过政府部门的努力、当地媒体的配合,公众关注焦点就从事件本身转向自身疾病防疫,一方面避免了此事件可能引起的负面舆情,另一方面也满足了广大市民的信息需求,从疫情防治的角度进行了科普。

四、分析点评

第一,对公众可能产生的质疑做好应对预案,根据公众舆论的焦点积极进行回应。

在新媒体环境下,虽然政府对突发公共事件信息的披露较为及时,亦借助传统媒体发出了官方的声音,但是这并不意味着就可以完全打消公众的疑问,也无法阻止非官方信息的传播。

在此事件中,作为社交媒体上的"草根意见领袖",拥有将近32万粉丝的上海本地资讯类微博"@直播上海"针对"看护点上黑榜"和"医院延误救治"两个问题提出了质疑,触及"政府审核监管不严"及"医患关系"这两个雷区。虽然最终该事件并未进一步发酵,但是其引发的舆情风险不容小觑。如果相关部门不进行积极应对,也许下一次类似事件经过其他网络"大V"的转发,即会引发大规模的舆情事件。

相关部门在面对此类情况时,一方面要根据事件的具体情况和以往的经验,对公众可能产生的质疑做好应对预案。一旦发生突发情况,能够迅速反应,不至于陷于被动。另一方面,相关部门应紧密监测舆情动态,实时掌握舆论发展走势和其中的主要观点,并积极主动地对公众最主要的关切进行有针对性的回应。例如在本次事件中,当发现网友对医院是否延误治疗存在疑问时,相关部门可详细公布医院的治疗过程,通过实证打消网友质疑,避免谣言和不实信息的传播。

第二,稳妥处置,加强反思,从根源上消除舆情风险。

此事件发生在金山区爱苗幼儿看护点,事件参与者分别为看护点工作人员、在园幼儿、幼儿家长,这三个群体是主要的信息源。幼儿家长的诉求未及时得到合理满足,在网络平台发帖,触发了舆情危机,考验相关部门的危机处置能力。

在3月20日晚事件还未进入媒体的报道议程时,SPC365论坛、新金山论坛、新浪微博就分别出现死亡患儿家属所发帖文,怀疑医院存在医疗责任,要求给"说法"。这显示出政府在前期与患儿家属的沟通存在问题,患儿家属的不满很可能引发舆情风险。

因此政府部门在面对突发事件时,除了对已经出现的舆情进行应对,还要准确把握负面舆情的根源,从源头上消除舆情风险。具体到本事件中,相关部门应与患儿家属保持密切沟通,公开救治信息,回应患儿家属的质疑。同时,要做好患儿家属的情绪安抚工作,客观、理性面对问题。

相关部门也要细致反思此事件中暴露的问题,对看护点的资质等问题进行调查与处置,持续加强手足口病科普工作。通过细致的预防工作避免此类悲剧再次发生。

4

安全事故类

松江区斜塘大桥被撞事件

一、事件概况

1. 舆情酝酿期

2014年3月9日晚,上海松江区斜塘大桥遭到过往船只撞击,两根桥墩受损开裂,导致桥面倾斜,肇事船只逃逸。3月10日上午,上海松蒸公路斜塘大桥出现坍塌隐患,交警部门不得不紧急采取封桥措施。

2. 舆情爆发期

3月10日10时28分,"@松江交警"发布微博"突发状况:松蒸公路斜塘大桥有坍塌危险",称斜塘大桥发现有坍塌隐患,交警采取了封路紧急措施,提醒过往人员、车辆绕行此桥。"@松江交警"的微博发布后,立即引起了上海市级媒体和众多网民的关注,多家报社、电视台致电要求采访,网民也纷纷转发、评论该条信息,并私信询问桥梁最新情况、绕行线路等。

3月10日下午,新闻办召集公安分局、建交委等相关部门开会,了解具体情况,拟定发布口径。13时,"@上海松江发布"先后连续发布了1条"#出行提醒#",明确告知"即日起该路段实行封闭",以及4条"#事件进展#",告知市民可参考的道路绕行方案、相关职能部门的工作措施等内容。

3月10日及11日,《新民晚报》、腾讯网、人民网、东方网等市级媒体、网络媒体均从客观的角度报道了此事。

3. 舆情发展期

3月11日,松岑线未经审批涨价1元,被质疑趁火打劫,再次引起舆论热议。14日,上海松江斜塘大桥检查报告出炉,"@松江交警"发布相关微博。18日,东方网、人民网上海频道等媒体报道松岑线涨价,"货船撞坏大桥致公交车绕道 民营车队涨价先斩后奏",再次掀起舆论小高峰。相关部门及时介入协调,使得松岑线次日即恢复了原来票价,舆情也逐渐平息。

20日,"@上海松江发布"发布了"因松蒸公路斜塘大桥双向道路封闭而受影响的公交线路调整方案"。由于斜塘大桥为市区通往浦南地区的主要道路,市民们非常关心其维修情况,但是由于桥梁受损严重,需要花费的周期较长,网民的评论多有不满。

27日,多家媒体报道了"上海松江斜塘大桥被撞桥墩开裂 双向道路已封闭"的新闻,给出了相应的绕行方案。

4. 舆情平息期

松江区新闻办积极联系相关部门,了解工作动态,"@上海松江发布"也较为及时地发布事件进展,之后市内车辆按照绕行方案正常通行,舆情逐渐平息。

二、舆情分析

1. 媒体报道分析

从2014年3月7日至3月31日,共有平面媒体报道57篇,网络媒体报道257篇。媒体报道在3月10日至3月11日达到高峰,随后快速下降,在14日、18日、27日出现3个小高峰。从新闻报道量最高的媒体来看,中国日报网、人民网的报道量分别为14篇、10篇,排在前两位。从传播量最高的地区分布来看,此事受到全国范围内的广泛关注,北京媒体的报道量超过上海媒体。

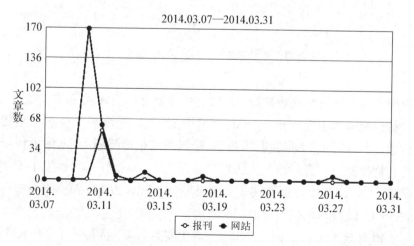

图8-1 媒体报道趋势(单位:篇)

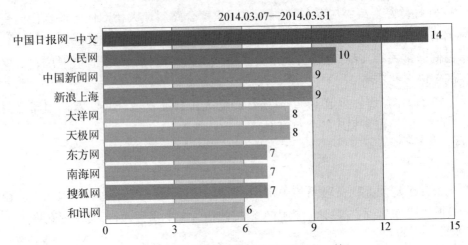

图8-2 新闻报道量最高的媒体(单位：篇)

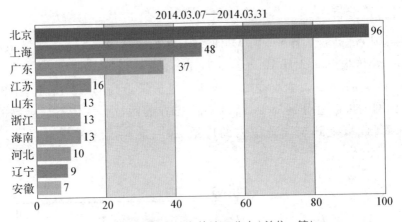

图8-3 传播量最高的地区分布(单位：篇)

斜塘大桥于3月9日晚被撞,10日上午交警部门封闭大桥,"@松江交警"发布大桥封闭微博引发舆论,中国日报网中文版以"上海一大桥遭大型货船撞击 桥墩开裂或坍塌"为题进行了报道,腾讯网的报道标题为"上海大桥疑遭船只撞击有坍塌隐患交警封路",人民网的标题为"上海松江一大桥发生严重倾斜无人员伤亡"。网络媒体报道在3月10日达到峰值,为170篇。平面媒体稍有滞后,在3月11日达到报道峰值(55篇)。

3月10日至3月11日两天的报道内容主要为上海一大桥被撞开裂成危桥,存在坍塌隐患,已紧急封闭,交警提醒车辆绕行。之后第一个小高峰出现于3月14

日,当天松江政府相关部门发布"斜塘大桥检查报告",中国新闻网、人民网、新民网等媒体以"上海松江斜塘大桥检查报告出炉"为题,说明了大桥被撞的具体情况,即该桥墩随时有倾覆危险,应立即封闭全桥,然后再开展对桥梁永久性加固工程。

3月18日媒体报道出现了第二个小高峰,东方网、新浪上海、人民网上海频道等媒体以"货船撞坏大桥致公交车绕道 民营车队涨价先斩后奏"为主题进行了报道,指出由于斜塘大桥封闭,从青浦练塘到松江的松岑线应声而涨,全程票价由6元涨到7元。由于公交公司私自涨价,引起乘客不满,认为这是"趁火打劫"。相关评论认为对这样的问题,主管部门应该提前做好处理协调工作。第三个小高峰在3月27日,松江交警部门发布松江斜塘大桥双向封闭的消息,人民网、中国新闻网等媒体报道题为"上海松江斜塘大桥被撞桥墩开裂 双向道路已封闭",并给出了相应的绕行方案。

2. 社交媒体舆情分析

在新浪微博以"斜塘大桥 & 坍塌"为关键词进行数据抓取,在2014年3月7日至3月31日的时间范围内,共有相关微博307条,微博评论639条,总转发1 247次。从新浪微博舆情发展趋势图来看,该事件的新浪微博舆情峰值出现在3月10日,当日共有176条相关微博。

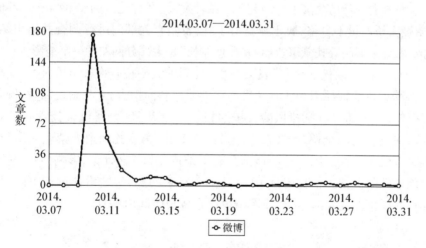

图8-4 新浪微博舆情发展趋势(单位:条)

该事件最早的一条微博是上海松江交警官方微博"@松江交警"在3月10日10时28分发布的微博:"【突发状况:松蒸公路斜塘大桥有坍塌危险】3月10日早上,松蒸公路斜塘大桥发现有坍塌隐患,松江交警立即到达大桥附近采取封路紧急措施,目前路政所也已经赶到现场,请过往人员、车辆绕行此桥。"并@了"@松江发布"、"@云间宋苏伟"(松江电视台副台长),该微博获得66条转发、15条评论。随后的3个小时内,"@松江交警"连续转发评论第一条微博两次,发布一条"突发状况,斜塘大桥发现桥面倾斜安全隐患"提醒市民绕行。"@云间宋苏伟"以原创形式转发了此条微博,获得87条转发、19条评论。有部分网友对大桥质量产生质疑。

3月10日13时33分,"@新闻晨报"发布微博:"【上海一大桥遭大型货船撞击 桥墩开裂或坍塌】今晨,一艘大型货船撞上位于上海松江的松蒸公路斜塘大桥,一根桥墩开裂,桥面出现倾斜。肇事船只逃逸。目前交警部门在大桥两端采取紧急封路措施,路政等部门也已赶到现场处置。该桥始建于1998年,是跨越黄浦江前往石湖荡地区的要道。"并配有一张大桥桥墩开裂的图片。这条微博转发数238,共有144条网友评论,评论集中于对大桥质量问题的质疑和对肇事船只逃逸的不理解。

3月10日20时,有近9万粉丝的"加V"认证微博网友"@莱德赵克强"发布微博称:"【上海一大桥遭大型货船撞击 桥墩开裂或坍塌】今晨,上海松蒸公路斜塘大桥遭到一艘大型货船撞击,一根桥墩开裂,桥面出现倾斜。肇事船只逃逸。事后在巡查中发现大桥存在垮塌隐患……网友说:船没坏,桥坏了?这船可以配给海警去钓鱼岛执法了!"引起323条转发,71条评论。网友"@正盟帝"的评论"质疑大桥质量不合格,属于豆腐渣工程,希望有关部门进行调查并给出结论。同时要求有关部门寻找肇事货船,并严惩船长"是大部分网友的一个缩影。

3月14日,"@松江交警"发微博称:"【斜塘大桥检查报告出炉,桥墩受损严重】,斜塘大桥受损原因为3月9日晚遭遇船舶斜向撞击,立柱出现断裂、倾斜等严重损伤,桥墩随时有倾覆风险。按照报告结论参照《公路桥梁技术状况评定标准》,应立即封闭全桥,严禁人、车通行;第5孔、第6孔河道严禁船只通行,然后再对桥梁永久性加固。"这一微博只有1条转发和4条评论,影响力较小。

该事件的微博舆情在3月10日达到176条的高峰,之后便迅速下降,松江交警对大桥情况的及时通告,使舆情得以在较短时间内平息。

三、应 对 处 置

第一,主动通过微博平台连续发布信息。

"@松江交警"在3月10日10时28分主动发布微博,告知斜塘大桥有坍塌危险,交警采取了封路紧急措施,并提醒过往人员、车辆绕行此桥。当日13时许,"@上海松江发布"先后连续发布"#出行提醒#"和"#事件进展#",明确路段封闭,告知市民可参考的道路绕行方案、相关职能部门的工作措施等内容。3月20日,"@上海松江发布"发布"因松蒸公路斜塘大桥双向道路封闭而受影响的公交线路调整方案",针对网友的不满评论,及时发布多条微博,告知事件最新进展,并于2014年10月22日将"斜塘大桥月底恢复通车"的消息广而告之。在此次事件中,"@松江交警"第一个发布封路信息,"@松江区交通局""@乐行松江"等政务微博随之连续发布了多条微博,使相关信息广为传播。

第二,相关部门采取紧急措施,介入处理事件。

3月10日发现斜塘大桥有坍塌危险后,交警采取了封路紧急措施。当天下午,松江区新闻办召集公安分局、建交委等相关部门开会,了解具体情况、拟定发布口径,明确封闭路段和道路绕行参考方案。3月11日松岑线未经审批涨价引起舆论关注后,相关部门及时介入协调使得松岑线次日即恢复原来票价。3月20日出台并发布"因松蒸公路斜塘大桥双向道路封闭而受影响的公交线路调整方案",明确事件后续处理。

第三,了解具体情况,拟定发布口径。

3月10日,"@松江交警"发布封路消息微博后,立即引起了市级媒体和众多网民的关注,多家报社、电视台致电要求采访,网民也纷纷转发、评论该条信息,并私信询问桥梁最新情况、绕行线路等。当天下午,松江区新闻办召集公安分局、建交委等相关部门开会,了解具体情况、拟定发布口径。当天晚间,市级媒体、网络媒体均以客观的态度报道了此事。

第四,重视网友意见,针对市民需求发布实用信息。

3月10日"@松江交警"发布封路消息微博后,网民纷纷转发、评论该条信息,并私信询问桥梁最新情况、绕行线路等。当天13时许,"@上海松江发布"先后连续发布"#出行提醒#"和"#事件进展#",明确路段封闭,告知市民可参考的道路绕行方案、相关职能部门的工作措施等内容,满足市民的信息需求。

四、分析点评

此次事件中,上海松江区交警、新闻办等相关部门积极主动应对舆情,较好地引导了舆论方向,但相关工作仍存在一定的改进空间。

第一，充分利用政务微博群的矩阵效应，第一时间通过多个微博，向公众发布权威信息，达到较好的传播效果。

事件发生后，相关部门发声比较及时，通过微博等新媒体渠道发布事件进展。"@松江交警"发布封路信息，"@上海松江发布"发布"#出行提醒#"和连续多条"#事件进展#"告知可参考绕行方案、公交绕行路线、相关职能部门后续工作措施等内容，一定程度上满足了市民的交通出行信息需求。"@松江区交通局""@乐行松江"等政务微博也积极配合，体现出政务微博群的矩阵效应。

第二，在突发情况下，各方应加强沟通，尽快拿出合理的处理方案，并向公众进行明确的说明，而不是未经论证单方面涨价，使公众产生不满情绪。

斜塘大桥路段封闭后，公交公司承担着绕路高出的成本，向政府相关部门反映却未得到回复，进而自行涨价。市民出行需要绕行，原本就比平常承担了更多的时间、经济等方面的成本，松岑线自行涨价1元被质疑为"趁火打劫"，加重了市民的不满情绪，引发了负面舆论。《新民晚报》、腾讯大申网等媒体都对此进行了报道。而在票价恢复以后，相关部门也未就此事进行详细说明，对自身形象产生了一定损害。在此情况下，松江区政府应当及时发现舆情风险，及时介入协调，并完善相关制度，避免出现类似情况，引发负面舆情。

第三，相关部门应该及时向公众通报大桥的维修计划、通车时间，以及维修的难点问题和解决方案，以获取公众的理解和支持。

由于斜塘大桥为通往浦南地区的主要通道，市民们非常关心其维修情况。但是由于桥梁受损严重，需要花费的维修周期较长，这也引发了一些网民的不满。松江区相关政务微博及时公布了道路绕行方案和公交调整方案，但并未及时就网民关注的维修情况和难点问题进行详细说明，造成信息真空，引发网民负面评论。松江区政府相关部门应更加全面、及时、主动地公布信息，通过图片等直观材料说明大桥维修的实际情况和维修难点，并定期更新工程进展情况，通过与公众进行坦诚、深入的沟通，取得公众的理解和支持。

上海市"5·1"群租房起火事件

一、事件概况

1. 舆情酝酿期

2014年5月1日,上海市徐汇区龙吴路2888弄盛华景苑24号1301室发生火灾,造成两名消防人员牺牲。经现场勘查发现,起火房屋涉嫌群租,88平方米房屋内住有10人,违法使用液化气钢瓶,可燃物多、火灾荷载大。当晚,房管部门紧急联动,对盛华景苑小区群租情况进行了全面排查,当场对涉嫌群租房屋进行认定,并要求房东到场劝离租客、拆除违章搭建的隔断。截至5月2日凌晨1时,盛华景苑小区清除群租90户,拆除隔间123间,清退群租房客380余人,房间全部恢复原状。同时,区综治、房管等部门协调物业公司在小区落实专门力量进行固守,防止群租现象回潮反弹。当晚的整治行动得到业主的认可与支持。

2. 舆情爆发期

根据公安部消防局网站的消息,2014年5月1日17时37分,东方网、新浪上海等媒体以"两90后消防员受气浪冲击从13楼坠落殉职"为标题报道了此次群租房火灾事件,配发两名消防员坠楼瞬间手拉着手的照片。搜狐网、中国警察网等网络媒体转载了该报道。

5月1日20时16分,上海媒体人、微博"大V""@宣克炅"发布微博称:"上海两名消防战士13楼高坠牺牲 谁为火灾隐患负责?两名年轻上海籍消防战士不幸以身殉职,手牵手高坠。请上海市民默哀三分钟、点烛!五一劳动节,我们在享受亲情、爱情、友情时,别忘记(向)那些为了别人的利益而奉献牺牲的人道声珍重!不希望再看到这样的场景,谁来为那些存在隐患的出租房安全担责!?"该微博转发数为3 571次,评论数为1 396条。评论中,大多数网友向牺牲消防员致敬,也有网民对群租问题进行了讨论。

3. 舆情发展期

2014年5月2日11时左右，上海消防局官方微博"@上海消防"发布题为"两名90后上海消防员在火灾扑救中牺牲"的长微博，介绍了火灾扑救详情，起火房屋存在群租现象，90平方米房内住有10人。

5月2日，多家媒体以消防员牺牲和起火房屋群租为题报道此次事件，引发大量转载，形成舆论高峰。有的报道侧重于消防员手拉手牺牲的悲壮事迹，例如《中国青年报》的报道《上海居民楼火灾 两名90后消防员手拉手坠楼牺牲》；有的对群租问题给予关注，例如搜狐网的报道《上海牺牲消防员系本地人 起火房屋90平群租10人》；有的侧重于消防员的牺牲原因，例如《文汇报》的报道《两名"90后"消防员牺牲原因初步查明》。8时31分，"@央视新闻"发布微博"90后，第一批冲进火场，牺牲的最后瞬间"，该条微博有61 212条转发，27 874条评论。

5月3日，新华网、东方网等媒体的报道指出，现场勘察认定群租现象中存在严重火灾隐患。"@东方早报"发布微博称，"上海排查火灾隐患：该停的停该关的关该抓的抓"。随后，市房管等相关部门进行群租排查整治，众多群租客被退租。

媒体对上海市的群租问题进行了集中报道，例如上海电视台《新闻报道》节目5月4日播出的《一小区群租泛滥居民不堪其扰》，反映了真华路上的水岸蓝桥小区群租现象比较严重，影响居民的正常生活。"@新华视点"发布微博"上海火灾的反思：群租"，长微博文章认为"群租房成安全隐患重灾区"，解决群租问题应该"有堵有疏"。

5月4日，上海市政府网站发布《关于修改〈上海市居住房屋租赁管理办法〉的决定》。在对事件的后续处置方面，政府发挥了显著的议程设置作用，媒体对上海市政府出台的一系列群租和消防隐患整治举措进行了报道。5月5日，每日经济新闻以"火灾爆沪群租乱象 上海市发布新版租房管理办法"为主题发布新闻，凤凰网、东方网、上海热线等众多网络媒体转载报道。

5月8日，"中国上海"门户网站发布了《市住房保障房屋管理局关于进一步开展本市住宅小区消防安全隐患集中排查整治的通知》。5月9日，《新民晚报》对此《通知》做了相关报道。

5月9日，上海市召开"群租整治工作新闻通气会"，出台《关于加强本市住宅小区出租房屋综合管理的实施意见》。5月10日，《东方早报》报道了《实施意见》，指出上海整治群租打出"组合拳"。

4. 舆情平息期

5月中下旬,关于本次火灾的舆情逐渐平息,但是关于群租问题的讨论仍在持续。

二、舆情分析

1. 媒体报道分析

从2014年4月30日至5月17日,共有平面媒体报道186篇,网络媒体报道826篇。总体来看,媒体报道出现三个峰值。5月2日达到舆情高峰,之后有所回落,5月5日、5月9日分别出现两个小高峰。

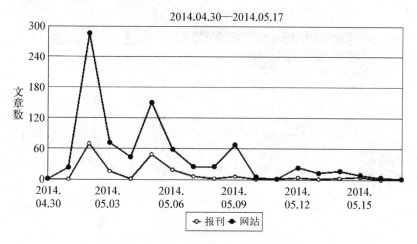

图 9-1　媒体报道趋势　（单位：篇）

从新闻报道量最高的媒体来看,天极网、搜狐网与和讯网位列前三,发稿量分别为66条、54条和36条。从媒体报道趋势图可以看出,网络媒体对此事的传播量远远大于平面媒体。从传播量最高的地区分布来看,此事受全国范围内的广泛关注,北京地区媒体报道量遥遥领先,共有461篇,原因可能在于众多位于北京的中央级媒体对此事高度关注;其次是上海、广东、浙江等地区。

2014年5月1日14时许,火灾发生,两位"90后"消防员牺牲。根据公安部消防局网站的消息,当天17时37分,东方网、新浪上海等媒体发布报道《两90后消防员受气浪冲击从13楼坠落殉职》。搜狐网、中国警察网等网络媒体转载

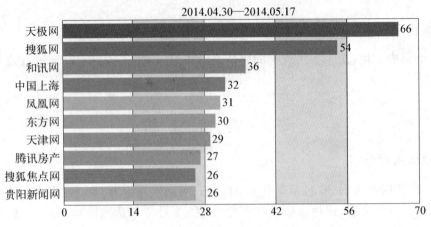

图9-2 新闻报道量最高的媒体 （单位：篇）

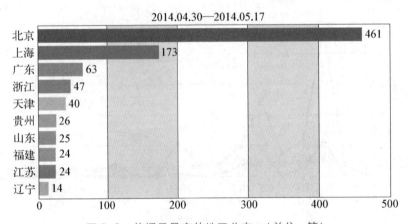

图9-3 传播量最高的地区分布 （单位：篇）

了该报道。

5月2日11时左右，上海消防局官方微博"@上海消防"发布题为"两名90后上海消防员在火灾扑救中牺牲"的长微博，介绍了火灾扑救详情。人民网、凤凰网等以此为内容作了题为"上海一居民楼发生火灾两消防员牺牲 房间或为群租"的报道，引发大量转载，形成舆论高峰。

《新京报》发表题为"高楼起火两消防员坠楼殉职受轰燃和热气浪推力影响，从13楼坠落；坠落瞬间两人手拉着手"的报道，借用目击者的描述还原了消防员牺牲现场，并追踪报道起火房屋为群租，以及讲述了两位牺牲的消防员生前的故事。中国新闻网以"上海2名消防员被热浪吹下13楼 拉着手跌落殉职

（图）"为题转载了此篇报道,搜狐网的转载报道标题为"上海两消防员殉职:起火房间为群租房　住两户9口"。5月2日的356篇报道标题中,"坠亡手拉手""群租"成为最为热门的词汇。

《法制晚报》的报道为"上海两名'90后'消防员　火灾扑救中坠楼牺牲　最后微博　转发评论近七万",报道在描述消防员牺牲、救火过程细节和消防员的生平之外,还提到其中一位牺牲的消防员生前最后一条微博被网友找到后评论三万多条,转发也接近四万次,表明这一事件受到网民的广泛关注。

5月2日,《解放日报》作了题为"90平方米两室一厅至少住了9人　安全隐患威胁小区居民生命　群租再惹祸,必须坚决有力整治"的报道,认为应该坚决有力整治群租。

5月3日,《解放日报》追踪报道政府相关部门整治群租的报道,标题为"上海即日起开展消防安全大排查大整治　毫不手软整治群租消除隐患　连夜清查盛华景苑90户群租房,清退群租房客380余人"。《新闻晨报》报道称"上海公安今起会同有关部门全市整治群租房:对严重火灾隐患'关停抓'不手软"。《文汇报》以"房屋'超负荷运转'易引发火灾"为题发表了报道,认为面积不再是群租的首要问题,房屋超负荷运转带来安全隐患,极易引发火灾,网友呼吁追究房东、中介等法律责任。人民网、东方网等媒体以"新型'群租'带来安全隐患多　网友呼吁严惩'二房东'"为题进行了转载。

5月4日,新华网发表《新华时评:不能任由群租延续下去》,评论认为群租房往往是火灾、偷窃等事故案件的高发区,不能任由群租延续下去。解决群租应该转化思路,疏堵结合:"一方面,要坚持依法管理,尤其是要在消防、卫生等公共安全方面划定底线,严查违法出租行为,尤其是要强化对中介、'二房东'等责任方的监管,形成'硬约束'。另一方面,必须意识到面向城市中低收入群体、新就业大学毕业生和外来务工者等住房困难群体的中低端住房租赁需求十分庞大,解决他们的合理租房需求应是化解群租问题的关键所在。"凤凰网、搜狐网、网易等媒体以"上海火灾背后的反思:群租屡禁不止,'堵''疏'须结合"为题转发了新华网的时评。

在对事件的后续处置方面,政府发挥了显著的议程设置作用,媒体对上海市政府出台的一系列群租和消防隐患整治举措进行了报道。

5月4日,上海市政府网站发布《上海市政府关于修改〈上海市居住房屋租赁管理办法〉的决定》,要求出租居住房屋每个房间居住人数不得超过2人,人均居住面积不得低于5平方米,并要求相关集中出租房屋供他人居住的要建立管理制度。5月5日,《北京日报》发表题为"上海整顿房屋租赁　人均租住面积不得低于5平方米"的报道称,上海已对该市居住房屋租赁的相关管理办法(《上海市居住房屋租赁管理办法》)进行修改,规定出租居住房屋每个房间的居住人数不得超过2人(有法定赡养、抚养、扶养义务关系的除外),且居住使用人的人均居住面积不得低于5平方米。新规已于5月1日起实施。该报道引发中国新闻网、人民网等多家媒体转载报道。同时,新华时评《不能任由群租延续下去》被大量转载报道,两者共同掀起一个舆论小高潮。

5月8日,"中国上海"门户网站发布《市住房保障房屋管理局关于进一步开展本市住宅小区消防安全隐患集中排查整治的通知》,明确要求:加强对群租、违法搭建等导致消防安全隐患行为的发现、劝阻、报告力度,加大房屋消防安全使用领域违法行为的行政执法力度。5月9日,《新民晚报》以"全市住宅小区开展消防安全大排查"为题对此通知做了相关报道。

5月9日,《人民日报》发表人民时评:"治理城市顽疾核心在'人',如果我们城市治理,能有更多适应经济市场化、人口流动化的政策和制度设计,其核心更多聚焦在满足人的需要、围绕人的发展,就会在一定程度上避免城市管理的疏漏。"该评论引发大量媒体转载,掀起又一个舆论小高峰。

同日,上海市召开"群租整治工作新闻通气会",出台《关于加强本市住宅小区出租房屋综合管理的实施意见》。5月10日,《东方早报》报道了《实施意见》,指出上海整治群租打出"组合拳"。

2. 社交媒体舆情分析

从2014年4月30日至5月17日,在新浪微博上以"上海 & 火灾 & 群租"为关键词进行数据抓取,共有相关微博756条,微博评论53 533条,总转发118 935次。从新浪微博舆情发展趋势图来看,该事件的微博舆情峰值出现在5月2日,当日共有343条相关微博。

2014年5月1日18时26分,新浪微博网友"@超时空观察者"首先分享了今日头条网以"上海居民楼火灾两名90后消防员因火势坠亡"为题的报道称,两名消防员因救火被气浪冲击而坠楼牺牲,并附有两位消防员的个人基本信息。这条微博没有评论和转发。

5月1日19时22分,有21万粉丝的微博网友"@上海最资讯"发布微博称"2014年5月1日,龙吴路一高层失火,上海两名消防员受轰燃和热气浪推力影响,从13楼跌落。图为目击者王先生用手机拍下两位消防队员坠楼时的画面。牺牲的两名消防员均为90后上海人。致敬![蜡烛][蜡烛][蜡烛](by 东方早报第1现场)",该微博有2 463条转发,861条评论。网友纷纷在评论中点蜡烛

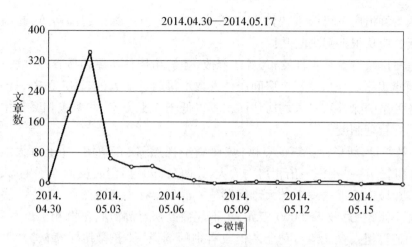

图9-4 新浪微博舆情发展趋势(单位:条)

祈祷致敬。

5月1日20时16分,上海媒体人、"大V""@宣克炅"发布微博,该微博转发数为3580,评论数为1396。评论中大多人为牺牲消防员致敬,也有网民在评论中讨论群租问题。

5月2日11时左右,上海消防局官方微博"@上海消防"发布题为"两名90后上海消防员在火灾扑救中牺牲"的长微博,该微博转发数为246条,评论数为118条。公安部消防局官方微博"@中国消防"随后发布了类似内容的微博。

5月2日8时31分,中央电视台新闻中心官方微博"@央视新闻"以"#劳动节两名消防员牺牲#"为关键词,发布微博称,"【90后,第一批冲进火场,牺牲的最后瞬间】昨天,上海一高层居民楼突发火灾。扑救中,两名消防员受轰燃和热气浪推力影响,从13楼坠落,最终牺牲。他们是钱凌云,1991年出生;刘杰,1994年出生。他们是第一批冲上失火楼层的消防员。图片是两名消防员坠楼瞬间。致哀……"该微博有61528条转发,27875条评论。大多网友在评论中点蜡烛哀悼英雄。

5月3日,"@东方早报"发布微博称:"【上海排查火灾隐患:该停的停该关的关该抓的抓】前天,两位90后消防战士在扑救群租房火灾时牺牲,当晚,有关部门对该小区开展突击整治。群租房业主已被拘留,他说,房子3月才出租给来沪人员沈某,曾提出不能群租,但事实上却住了10人,且违法使用液化气钢瓶,并堆放大量可燃物。"该微博转发数为65,评论数为49。评论认为群租应该在火灾发生前就该排查,网友"@茸城么么黑"评论道:"亡羊补牢,为时已晚!"也有评论认为群租房不可能很快消失,"@yuhu28"认为:"都是超高房价,超高房租惹的祸!应从根上解决问题!"

上海市政府5月4日发布《关于修改〈上海市居住房屋租赁管理办法〉的决定》,要求出租居住房屋每个房间居住人数不得超过2人(有法定赡养、抚养、扶养义务关系的除外),且人均居住面积不得低于5平方米,并要求相关集中出租房屋建立管理制度。

5月4日,新华社新华视点微博"@新华视点"发布微博:"【上海火灾的反思:群租】'五一'上海一出租房内火灾,让两名'90'后消防员牺牲了生命,人们再次聚焦城市管理的一个老大难问题——群租。在上海打工的安徽人、多年的群租客小张说,月收入2000多元,买不起商品房、保障房,不群租怎么住得起?虽然知道群租人多又杂不安全,'但没有别的选择'。"长微博文章认为"群租房成安全隐患重灾区",介绍了群租屡禁不止的原因及解决群租方式应该"有堵有疏:解决住房保障缺位"。该微博有78条转发,73条评论。很多网友评论支持整治群租。

5月13日,松江区政法综治网官方微博"@法治松江"发布微博称:"不少居民反映小区群租扰民现象,泣诉被群租客搅得心力交瘁夜不能寐,甚至发生过火灾等极端事例。5月份,上海市正式实施新的《上海市居住房屋租赁管理办法》并制定《关于加强本市住宅小区出租房屋综合管理的实施意见》,进一步严格'群租'认定标准。读大图,对群租坚定地说'不'。"该微博没有转发和评论。

5月5日,该事件微博舆情达到高峰后迅速回落,至7日微博数降为个位数,微博舆情逐渐平息。

三、应对处置

第一,及时监测焦点舆情并采取应对措施。

5月1日,在监测到龙吴路2888弄盛华景苑24号1301室发生火灾的舆情后,上海市房管局舆情监测工作人员第一时间通过电话、短信、《重要舆情处理单》等形式迅速将有关情况报告局领导和相关部门。市房管局领导高度重视,立即作出批示,要求对一些群租房重灾区采取强力措施,各区多部门联合开展综合整治。针对宝山区"一小区群租泛滥居民不堪其扰"的舆情,市房管局向宝山区房管局下发《新闻舆情处理单》要求其迅速处置。5月7日宝山区房管局处置后反馈:5月5日上午,区房管局立即与大场镇政府进行了专题研究,对该小区存在的问题进行了分析梳理。5月6日上午,区房管局又会同大场镇政府及镇综治办、物业公司等相关部门召开集中整治工作协调会,并邀请上海电视台记者共同参加,形成了具体的工作方案。

第二,迅速开展舆情搜集和研判工作。

市房管局对报刊、电视、网络涉及群租的报道及市民反映的情况、意见和建议进行了收集整理,形成专报及时报领导和相关部门参阅。《关于加强本市住宅小区出租房屋综合管理的实施意见》出台前,共监测收集到电视、报刊舆情28条,为政策制定提供了参考。5月9日,《关于加强本市住宅小区出租房屋综合管理的实施意见》实施后,市房管局继续跟踪监测电视、报刊舆情49条,编印1期《报刊舆情专题汇编》,包含《解放日报》《劳动报》《新闻晨报》《东方早报》《新民晚报》等主流媒体的相关报道,连续编印3期《网络舆情动态》,内容主要涉及政策发布后网友热议情况、网友讨论如何有效完善治理、"@上海发布"微博发布的《本市最近13天清退1.1万多名群租客!》引网友热议等内容。至5月中下旬,有关上海加强住宅小区出租房屋综合管理工作方面舆情平稳。

第三,结合实际建立群租管理和整治的长效机制。

5月9日,上海市召开"群租整治工作新闻通气会",上海市综治办、市高法、市房管局等十部门联合制定《关于加强本市住宅小区出租房屋综合管理的实施意见》,同步修订《上海市居住房屋租赁管理办法》。6月初,市房管局成立"上海市住宅小区出租房屋综合管理工作协调推进小组联合办公室",出台群租整治"组合拳"措施。

四、分 析 点 评

第一,舆情搜集全面及时,使群租整治更具针对性。

市房管局舆情监测工作人员监测到群租房发生火灾的舆情后,第一时间以多种渠道将有关情况上报,有利于相关部门及时采取应对举措。市房管局连续编印了4期《报刊舆情专题汇编》和《网络舆情动态》,从媒体报道、网友留言、部分国家和地区整治群租的方法等几个方面进行了分类归纳,为领导和有关部门妥善应对、科学决策提供了重要参考。

第二,与主流媒体建立良性互动关系,主动设置新闻议程。

相关部门主动邀请上海电视台记者共同参与集中整治工作协调会,并及时召开"群租整治工作新闻通气会",主动提供信息,起到了良好的舆论引导作用。在《关于修改〈上海市居住房屋租赁管理办法〉的决定》以及《市住房保障房屋管理局关于进一步开展本市住宅小区消防安全隐患集中排查整治的通知》发布后,媒体都跟进公开报道,在事件舆情的发展过程中成功设置了媒体议程。

第三,相关部门对涉事小区的群租清退工作反应较快,希望通过此次事件,各相关部门能够合力联动、多管齐下,从源头上治理好群租问题,减轻安全风险与舆情风险。

在5月1日火灾当晚,房管部门便紧急联动,对盛华景苑小区群租情况进行全面排查,清退群租房客380余人,工作反应较快。然而群租问题靠突击整治是无法根除的。要从源头上治理群租问题,一方面需要上海市各相关部门形成合力,"堵疏结合",在完善政策法规、加大执法力度的同时,解决低收入群体的住房问题;另一方面,要积极发动群众,在上海发展类似"徐汇群众"的民众力量,政民共治,促进社区的和谐与安全。

杨浦区充气游乐设施侧翻事件

一、事件概况

1. 舆情酝酿期

2014年10月5日13时35分,杨浦区大连路588号宝地广场内开设的欢尼游乐嘉年华商业活动现场充气游乐设施发生侧翻,造成多名儿童受伤。

2. 舆情爆发期

在此事件中,最早爆料事件信息的是新浪微博网友。10月5日13时39分,"@冉麒2006"在微博上发布事故信息。14时20分,"@刘秉男"的微博发布了事故现场的近距离照片——"一右肩被鲜血染红的男子走过侧翻的充气城堡",该微博被转发85次。"@新闻晨报""@解放日报""@宣克炅"等引用网友爆料发布了相关微博,事件影响迅速扩大。

随后,网络媒体迅速跟进。18时1分,光明网引用"@解放日报"的微博"网曝沪某广场充气城堡被风吹倒多名儿童受伤送医"对该事件进行了报道。19时10分,新民网发布报道《杨浦宝地广场充气城堡翻倒 13名儿童送医》,报道引用了"@冉麒2006"和"@刘秉男"等网友的微博爆料。

杨浦区督查室对该舆情进行监测和分析,区政府领导作出批示,明确由区安监局牵头,江浦街道等单位积极配合,做好处置工作与媒体沟通工作。

3. 舆情发展期

10月6日,平面媒体开始报道事件,总体报道数量达到高峰,媒体的关注点主要在事件过程和伤者情况。除了《新闻晨报》《新民晚报》《青年报》等上海本地平面媒体,《扬州晚报》等沪外平面媒体也对此事进行了报道。同时,人民网、网易、东方网等多家网络媒体对此事进行了持续跟进。

杨浦区公安分局、安监局、应急办、质监局等有关部门和江浦路街道负责人联动开展处置工作。

10月7日,相关报道开始聚焦于事故原因及充气娱乐设施在监管方面存在的漏洞。《东方早报》的报道指出:"经安监部门初步调查,事故确定因商家对游乐设施的风险评估不到位引起。"《南方都市报》的报道则指出,目前对充气娱乐设施的监管存在空白。腾讯大申网、搜狐网等多家网络媒体对相关报道进行了转载。

10月7日,中央电视台新闻频道报道了题为"充气城堡被风吹翻,13名儿童受伤"的新闻,该报道长达6分多钟。北京卫视、河南卫视、湖南卫视等多家沪外电视台也播报了关于此次充气城堡安全事故的新闻。

在微博舆论场,10月8日,"@央视新闻"附带央视新闻报道视频的微博评论696条,被转发1511次。

4. 舆情平息期

10月10日后,舆情基本平息,但是社会对充气娱乐设施的监管问题依然保持关注。10月24日,上海电视台新闻综合频道播报新闻《上海质监:充气城堡等小型游乐设施管理办法草案初步形成》。

二、舆情分析

1. 媒体报道分析

在2014年10月4日至10月12日,共有平面媒体报道23篇,网络媒体报道370篇。媒体报道在10月6日至10月7日达到高峰。新闻报道量最高的前三个媒体为光明网、网易网和贵阳新闻网。传播量最高的地区是北京、上海和广东。

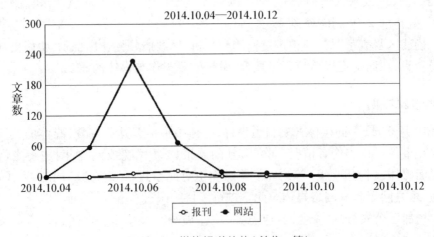

图10-1 媒体报道趋势(单位:篇)

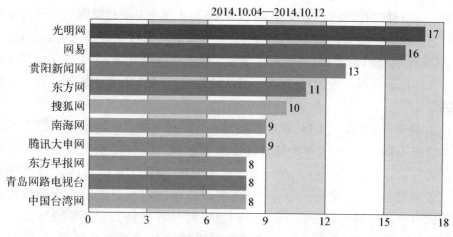

图 10-2 新闻报道量最高的媒体(单位:篇)

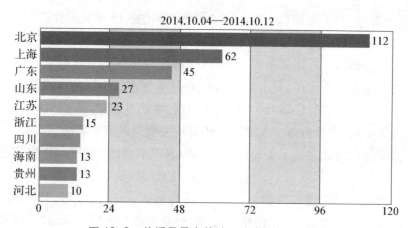

图 10-3 传播量最高的地区分布(单位:篇)

在 10 月 5 日该事件发生之后,网络媒体迅速跟进,共有 58 篇网络报道。其中,18 时 1 分,光明网引用"@解放日报"的微博"网曝沪某广场充气城堡被风吹倒多名儿童受伤送医"对该事件进行了报道。18 时 45 分,腾讯大申网发布图片新闻《宝地广场充气城堡翻倒 13 名孩子送医 1 人重伤》,曝光了充气城堡侧翻的现场,以及受伤儿童在医院就医的图片。19 时 10 分,新民网发布报道《杨浦宝地广场充气城堡翻倒 13 名儿童送医》,报道引用了"@冉麒2006"和"@刘秉男"等网友的微博爆料。

在 10 月 6 日,媒体报道达到高峰,共有 7 篇传统媒体报道和 227 篇网络报道。《新闻晨报》的报道《充气"城堡"被吹翻,摔伤 13 名儿童》通过实地采访详细还原了事件过程、受伤儿童救治情况,以及初步得出的事故原因。充气城堡所属公司上海欢尼游乐设备有限公司相关负责人表示将按照国家规定进行赔偿。除了《新民晚报》《青年报》等上海本地平面媒体,《扬州晚报》等沪外平面媒体也对此事进行了报道。人民网、网易、东方网等多家网络媒体对此事进行了持续跟进。

10月7日,共有12篇传统媒体报道,67篇网络报道。与前两天侧重报道事件情况不同,相关报道开始聚焦于事故原因以及充气娱乐设施在监管方面存在的漏洞。《东方早报》的报道题为"大风吹翻充气城堡因风险评估不到位",报道指出"经安监部门初步调查,事故确定因商家对游乐设施的风险评估不到位引起。同时,杨浦区安监部门已在对全区户外儿童娱乐设施进行安全措施检查,以杜绝此类事故再次发生。事故的具体原因及处理,目前仍在进行"。

《南方都市报》的报道《上海:充气"城堡"被吹翻13名儿童摔伤》指出:"目前法律法规还没有明确规定此类儿童娱乐场的安全属于哪个部门具体监管,这也埋下了一些隐患。据记者多方了解,像这种充气城堡的日常监管和维护也都是由活动方派人进行管理,只与场地管理部门签订租赁合同就可以开张了。因为没有相关的规定和责任划分,一旦出现问题,将很难追究。"

腾讯大申网、搜狐网等多家网络媒体对相关报道进行了转载。

电视媒体也对此事给予了较高关注。10月7日,中央电视台新闻频道报道了题为"充气城堡被风吹翻,13名儿童受伤"的新闻,该报道长达6分多钟。新闻播出了城堡侧翻的监控视频,采访了受伤儿童家长、主治医师、上海欢尼游乐设备有限公司、上海安监局宣传培训处、承租方宝地广场负责人,并请律师对此事进行了评论。新闻指出,充气城堡具有安全隐患,目前在监管方面存在盲区。新闻在结尾提及杨浦区已对户外儿童游乐设施开展安全检查,以杜绝此类事故再次发生。

北京卫视、河南卫视、湖南卫视等多家沪外电视台也播报了关于此次充气城堡安全事故的新闻。

10月24日,上海电视台新闻综合频道播报新闻《上海质监:充气城堡等小型游乐设施管理办法草案初步形成》,上海市质量技术监督局副局长沈伟民指出:"这一块不应该是空白,相关职能部门都应该领受相关的责任,我们从去年开始已经开始联络相关政府部门和相关监测机构包括运营单位,在研究制定有关公共场所小型游乐设施安全使用的技术要求。"

2. 社交媒体舆情分析

在新浪微博上以"上海充气城堡"为关键词进行数据抓取,在 2014 年 10 月 4 日至 10 月 18 日的时间范围内,共有相关微博 91 条,评论 172 条,总转发 515 次。

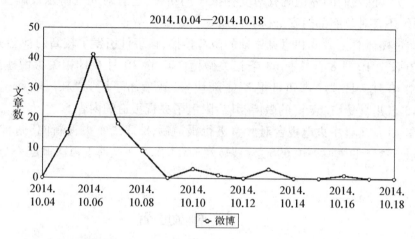

图 10-4 新浪微博舆情发展趋势(单位:条)

在此次事件中,最早爆料事件信息的是新浪微博网友。10 月 5 日 13 时 39 分"@冉麒2006"在微博上发布事故信息"听到女的惨叫,跑过去一看充气城堡倒下了,孩子们还在上面[衰]",地点定位在上海宝地广场,配图是倾倒的充气城堡。14 时 20 分,"@刘秉男"的微博介绍了事故发生的过程与情况,发布了事故现场的近距离照片——"一右肩被鲜血染红的男子走过侧翻的充气城堡",该微博被转发 85 次。

17 时 11 分,"@新闻晨报"根据网友爆料发布微博:"【网曝沪某广场充气城堡被风吹倒　多名儿童受伤送医】下午多名网友爆料杨浦宝地广场充气城堡被风吹倒,多名孩子受伤被压。@刘秉男:因为风大,城堡周围又没有牢固安全绳索。导致整个充气城堡被风掀起翻过来!里面孩子全部受伤。@Ann酱:小孩游乐设施竟然被风一吹就倒。希望孩子们都没事!via 大申网。"该微博得到评论 47 条,被转发 210 次。

此后,"@解放日报""@都市快报""@扬子晚报"等媒体的微博纷纷发布了关于此事的微博。

20时34分,上海媒体人宣克炅也发布了相关微博:"今天下午,上海杨浦宝地广场一充气城堡被风吹倒,造成有儿童被压受伤。新华医院介绍,共有14人送医,儿童13人(最小的仅2岁)。除一名3岁女童有脑外伤、蛛网膜下腔出血外,其余均无大碍已离院。意外可能与风力较大、充气城堡固定不牢固有关。图@刘秉男。"配图依然是"@刘秉男"的爆料图片,该条微博得到评论90条,被转发281次。网友们的评论既有对受伤孩子的祈祷,也有对充气游乐设施安全性的质疑,还有对政府部门安全检查的质疑。

经过媒体官方微博和意见领袖的微博传播,该事件引发了较高的社会关注。10月6日至10月8日共有68条相关微博。其中,10月6日相关微博达到41条。在10月7日,"@广州日报""@新快报"皆发布了题为"狂风吹翻充气城堡 13名儿童受伤[衰]"的微博,其后附上了央视报道的内容。

在10月7日中央电视台对此事进行报道后,8日,"@央视新闻"附带央视新闻报道视频的微博评论696条,被转发1511次。在微博上再次掀起一个讨论高峰。

三、应 对 处 置

第一,及时进行舆情分析,多部门开展协同应对。

在了解相关情况后,杨浦区督查室第一时间对该舆情进行监测和分析,区政府领导作出批示,明确由区安监局牵头,江浦街道等单位积极配合,了解情况、查明原因,做好相关处置工作,并要求当天反馈情况,并与媒体做好沟通联络。事故发生后,区公安分局、安监局、应急办、质监局等有关部门和江浦路街道负责人积极应对,明确责任,要求责任单位对伤员及家属做好理赔和安抚工作。

第二,总结经验教训,加强对充气游乐设施的监管,避免此类事件再次发生。

为防止此类事件再次发生,11月13日,在杨浦区第81次常务会议上,杨浦区领导听取了关于加强户外场所使用监管工作情况的汇报,以及关于在杨浦区严控充气城堡等大型一体式充气游乐设施运营实施意见的汇报。会议指出,加强户外场所使用日常监管,有助于保障城区市容环境整洁、交通安全有序、社会稳定发展。要认真落实街道镇属地化管理职责,加强条块协调配合,严格依法审批,切实加大监管力度。要认真吸取10月5日发生的充气城堡翻覆事故的教训,举一反三、亡羊补牢,在加强与市相关部门沟通协调、弥补管理办法的同时,加强行政指导,严格控制区域内大型一体式充气游乐设施运营。

四、分析点评

从舆情传播的角度来看,本次事件是一次典型的由微博爆料引发的舆情事件。事故首先由新浪微博网友曝出,之后媒体官方微博、网络媒体、平面媒体、电视媒体持续跟进报道,在很短的时间内就将事件舆情推向高潮。总体来看,相关部门的实际处置工作反应较为迅速,但是在微博舆论场中始终处于失语状态,没有很好地利用新媒体平台开展舆论引导工作。

第一,相关部门的实际处置工作反应较迅速,媒体回应较为得当。

在了解到相关情况后,相关部门迅速开展联动应对,较快确定了事故原因,并要求责任单位对伤员及家属做好理赔和安抚工作,这使相关舆情未出现次生危机。《东方早报》、中央电视台等媒体的报道均提及"杨浦区安监部门已在对全区户外儿童娱乐设施进行安全措施检查,以杜绝此类事故再次发生"。与此同时,相关部门责任人在回应媒体采访时也比较得当,未出现大的纰漏。

第二,面对这一典型的微博舆论事件,相关部门在微博舆论场中处于失语状态,未能利用新浪微博等新媒体平台对舆情态势进行有效引导。

首先,在舆情爆发期,"@冉麒2006"和"@刘秉男"等网友在微博上进行爆料后,由于缺少可靠信源的信息,媒体官方微博、网络媒体的初期报道均将网友们的爆料作为重要内容。在这一阶段,相关部门的官方微博并没有及时发布权威的现场情况,也没有对如何开展调查和处置做任何表态,这既不利于满足公众的知情权,不利于通过信息发布引导舆论走向,遏制不实信息的传播,也很容易使公众对政府的反应速度和责任意识产生质疑。在舆情发酵的关键阶段,政府的缺位会使舆情的发展走向失控状态,形成十分被动的局面。

在舆情发展期,相关部门并没有将权威的事件调查结果和政府的处置举措在微博上进行发布。面对微博上网友们对充气娱乐设施安全性的责问、对政府监管不力的抱怨、对监管政策漏洞的指摘,相关部门并没有通过官方微博对公众关切进行回应,也没有及时对如何加强充气娱乐设施的安全监管工作进行表态,基本处于失语状态。

在今后面对此类公共事件时,希望相关部门能够运用好微博等新媒体平台,积极主动回应公众关切,对舆论进行有效引导。

5

重大活动类

2014年上海国际马拉松赛事件

一、事件概况

上海国际马拉松赛(简称"上马")自2012年起连续三年获得"国际田联路跑金标赛事"称号,是国内外路跑爱好者共同参与的体育盛事,赛事的火爆引发了社会各方面的高度关注。2014年的"上马"不仅办赛体制从政府办赛转变为企业办赛,办赛模式也从以往传统的办赛模式向更专业化的市场办赛模式转型。其间,报名难和空气质量问题一度成为可能引发负面舆情的潜在危机。由于赛事组委会信息发布公开透明,媒体报道客观中立,公众情绪被及时疏导,最终,2014年上海国际马拉松赛顺利举行,赢得了社会各界的较高评价。

1. 舆情酝酿期

2014年上海国际马拉松赛于2014年11月2日在外滩陈毅广场起跑,报名时间为9月10日至28日,采用官方网站和官方微信的"双屏"全线上渠道报名,开国内马拉松赛事之先河。

针对可能出现的舆情问题,上海市体育局舆情应对团队提前做好多项舆情应对准备工作。2014年6月13日,上海国际马拉松赛开通官方微博——"@上海国际马拉松赛官微"。

2. 舆情爆发期

8月21日,"上马"赛事组委会召开第一次新闻发布会,宣布2014年"上马"的报名方式与举办时间。与往年不同的是,2014年"上马"报名采取官方网站和官方微信报名的"双屏"全线上报名方式,取消线下报名。

8月21日,《新民晚报》刊登文章《上海马拉松精益求精》,提出"管办分离"的办赛新变化。媒体和网友开始围绕"上马"报名方式展开讨论。

9月15日"上马"正式开始报名,"报名难"问题成为公众关注热点,并由此引申出"名额5 000元一个""网站遭黑客攻击"等问题。

针对这些问题,上海体育局一方面通过自有公共平台加强与市民的沟通,加大实时信息发布密度;另一方面也积极与主流媒体沟通。"上马"报名当天,一些媒体主动发布有关报名技巧的文章,例如《劳动报》的报道《上马今天9时开启报名!注意以下事项提高成功概率》,《青年报》发布报道《上马报名该咋报?》,媒体及时、实用的报道在一定程度上疏导了舆论压力。网络上传言"上马名额5 000元一个",媒体在调查后辟谣。

3. 舆情发展期

随着报名的截止日期和赛事临近,空气质量问题受到持续关注。10月16日,《东方早报》以"上马当日基本排除遭遇恶劣天气"为题,聚焦比赛日的空气质量。赛前10天,中国科学技术大学40人跑团向"上马"组委会发送公函,希望"上马"组委会能向全体运动员至少提前3天发布空气质量预报。公众和媒体对于空气质量问题的关注在这一事件发生后达到顶峰。赛事组委会回函表示,将在赛前3天向所有参赛选手提供比赛当日的天气预测和空气质量预测数据,以便选手们提前做好相应准备。在比赛开始前,媒体又一次关注比赛当天的空气质量。10月30日,上海热线以"今年上海国际马拉松赛气温较往年高 雾霾天概率低"为题进行报道。10月31日,《新民晚报》作了题为"上马将迎好天气:阴天温度适宜 无霾风力加大"的报道。

11月2日,"上马"正式开跑。一方面,赛事本身和参赛选手是舆论关注的焦点。东方网以"2014上马雨中鸣枪 3万5千人参赛创历史新高"为标题,对赛事的情况做了介绍。《文汇报》以"非选手破沪马赛会纪录"为标题,报道了赛事的结果。

另一方面,媒体也对组委会的后勤保障和突发情况处置予以关注。其中,"自行车骑警"受到高度关注。《东方早报》以"沪自行车武装骑警首次亮相 确保重要活动安全"为标题进行报道。《新民晚报》等媒体以"自行车骑警护卫上马 荷枪实弹首度亮相申城街头"为标题进行报道。新华网等媒体以"曝上马共救治伤者685人 一名男艺人心脏骤停"为题报道了此次"上马"的危机处理情况。

在微博平台,"@左溢Zoyi""@宣克炅""@周韦彤Cica"等明星的相关微博引发网友的热烈讨论。"@解放日报""@新闻晨报"针对"上马"赛果、热点事件发布的微博也被网友热议、转发。

4. 舆情平息期

随着赛事的成功举办,11月10日后相关报道和微博讨论迅速减少,2014年的"上马"议题逐渐退出公众视野。

二、舆情分析

1. 媒体报道分析

从 2014 年 8 月 15 日到 11 月 10 日,共有平面媒体报道 194 篇,网络媒体报道 1 743 篇。媒体报道先后在 8 月 15 日至 8 月 23 日、9 月 14 日至 9 月 23 日形成两个小高峰。临近比赛日,10 月 26 日后报道数量快速增加,11 月 2 日至 11 月 8 日媒体的报道量达到最高峰。

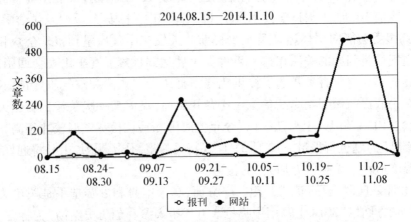

图 11-1 媒体报道趋势(单位:篇)

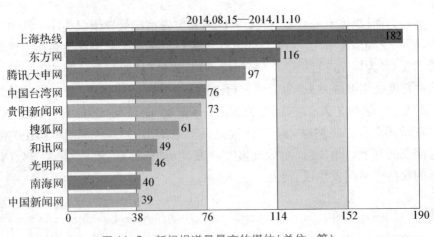

图 11-2 新闻报道量最高的媒体(单位:篇)

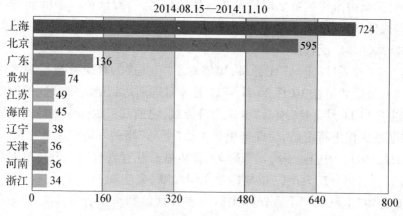

图 11-3　传播量最高的地区分布（单位：篇）

从新闻报道量最高的媒体来看,上海热线的报道量达到182篇,位列第一；东方网和腾讯大申网排在第二、三位,报道数量分别为116篇和97篇。从传播量最高的地区分布来看,上海地区位列第一,报道数量为724篇,远超位列第二位的北京和第三位的广东。

2014年上海国际马拉松比赛的整体宣传从8月21日的第一次发布会正式开始,随着发布会的举办,2014年的"上马"逐渐走入公众视野。媒体的报道在8月15日至8月23日达到第一个小高峰,这一阶段的报道主要围绕2014年"上马"的赛制、报名方式等实用性信息展开。8月21日,《新民晚报》刊登文章《上海马拉松精益求精》,提出"管办分离"的办赛新变化。同日,中新网、东方网等网站以"2014上马赛11月开跑　采用'双屏'全线上报名方式"为题,对比赛的报名时间、报名方式和具体赛制进行了介绍。《解放日报》《文汇报》、搜狐网、大河网、腾讯大申网等媒体也纷纷对比赛的报名方式等进行了报道。

9月15日,2014年上海国际马拉松比赛正式开始报名,由于报名非常火爆,一度造成报名系统网络繁忙。这一阶段,围绕"上马报名"这一关键词进行的报道数量快速上升,在9月14日至9月23日形成第二个报道小高峰。平面媒体和网络媒体对比赛"报名难""一票难求"的现象给予重点关注。9月15日,上海热线以"上马报名遭各式吐槽,跑步治好的抑郁症又被气犯了"为题进行报道。9月16日,《东方早报》刊出题为"上海马拉松报名难度似IPO中签"的报道,腾讯大申网的报道标题为"上海国际马拉松报名火爆1.8万个名额4小时抢光"。9月17日,《时代报刊》刊出题为"上海马拉松报名太火爆　部分白领为跑步转战杭州香港"的报道。

针对民众中流传的黄牛爆炒参赛名额的传言，有媒体进行了辟谣，例如《青年报》等媒体刊出题为"上马名额遭黄牛爆炒？五千一名额只是个段子"的辟谣报道被网络媒体广泛转载。

临近11月2日"上马"比赛日，媒体对于"上马"的报道数量呈现出快速增长的态势，报道数量在10月26日至11月8日逐渐达到最高峰。这一阶段媒体的报道主要以11月2日"上马"开跑为分界线，之前几天媒体主要针对比赛相关的一些准备工作进行报道，后期则更多关注"上马"相关人物和故事花絮。

10月24日，"中国上海"发布题为"让申城有礼有爱有序　上马组委会发布文明倡议书"，倡导广大市民和参赛者文明参赛、文明观赛。10月27日，《劳动报》发布题为"上马培训千人保障团队　水杯摆放和水位有具体要求"的报道。28日，东方网发布报道《11月2日上海马拉松开跑　申城多条公交线路调整》。为了防控埃博拉疫情，避免"上马"受到影响，29日，新华网发布题为"上海制定入境检疫方案保障马拉松赛举行"的报道。比赛当天的医疗保障也受到媒体的关注，上海热线发布报道《上马安全措施加码　巡回急救队搭配20个固定医疗点》。同时，天气也是媒体关注的另外一个焦点，东方网在31日发布新闻《上马本周日上午发枪　比赛当天基本排除雨水雾霾干扰》。

11月2日，"上马"正式开跑。当天，大部分媒体主要将关注焦点放在比赛结果和概况上。中国新闻网等媒体发布题为"非洲选手称霸上海马拉松赛　中国选手获半程赛第3"的新闻，"中国上海"发布新闻《85个国家和地区的3.5万人参加　新版上马精彩依旧》，新浪网发布《上马参赛手记：半月第2场全马挑战　万人与天公争美》。

多姿多彩的参赛者也是媒体的关注点，例如中国日报网报道了《2014上海国际马拉松赛大雨中开跑　选手奇装异服奇葩多》，新浪网等媒体报道了《奥运冠军助阵上海马拉松　叶诗文：下雨挡不住脚步》。

在大型体育赛事中，突发情况也是难以避免的，新华网等媒体报道了《曝上马共救治伤者685人　一名男艺人心脏骤停》，报道指出所有伤者"均得到积极治疗"。

同时，也有媒体深入发掘了此次比赛的幕后故事，上海热线发布新闻《揭秘成功背后鲜为人知的上马　牵一发而动全身改期》，湖北足球网发布新闻《向上马志愿者致敬　你们更让上海爷们儿"葱拜"》。

随着"上马"的顺利结束，11月10日后，媒体报道迅速减少。

2. 社交媒体舆情分析

在新浪微博上以"上海马拉松"为关键词进行数据抓取，在2014年8月15

日至 11 月 20 日的时间范围内,共有相关微博 836 条,微博评论 23 579 条,总转发 38 379 次。从新浪微博舆情发展趋势图来看,该事件的新浪微博舆情峰值出现在 11 月 2 日至 11 月 8 日,当周共有 409 条相关微博。

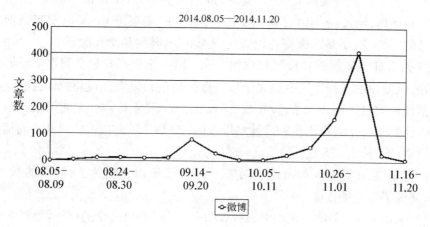

图 11-4　新浪微博舆情发展趋势(单位:条)

2014 年 6 月 13 日,上海国际马拉松赛开通官方微博——"@上海国际马拉松赛官微",不断更新报名信息等最新资讯。8 月 21 日,"上马"召开第一次新闻发布会,公布了赛事时间、路线、报名方式的调整及赛事的最新信息。"@上海国际马拉松赛官微"也发布了相关信息。

9 月 2 日,"@上海徐汇发布"发布题为"2014 上海国际马拉松赛 11 月 2 日再出发"的微博,着重介绍"上马"的报名时间和报名方式。

9 月 14 日至 9 月 20 日,随着"上马"报名的开始,社交媒体上对于"上马"的讨论引来第一个小高峰,讨论核心集中在"报名难"问题。9 月 15 日 9 时 9 分,认证为前《篮球报》记者的"@林琨毅"发布微博:"报名 2014 年上海马拉松,比抢春运火车票还刺激啊!微信报名根本进不去,网站报名正排着队呢,据说已经有两万多人在排队了。"还有一些网友抱怨报名系统出现了故障。针对网友报名中出现的问题,"@上海国际马拉松赛官微"持续发布微博进行回应和说明。

10 月 25 日,中安在线、网易等媒体报道了《中科大参加"2014 上马"发函求告知空气质量》的新闻。

10 月 26 日开始,随着"上马"开赛的时间越来越近,关于"上马"的微博数量迅速上升,并且在 11 月 2 日至 11 月 8 日到达高峰。总体来说,名人"大 V"和媒体官方微博设置了主要的焦点议题。

11月2日,"@左溢Zoyi"发布微博:"今早起来发现好多兄弟在奔跑。噢!原来是上海国际马拉松赛,时间真快,转瞬又是一年……"该条微博评论数达到7 750条,转发达到4 232次。一些参赛的"大V"纷纷发表了参赛感受的微博,引起网友的关注。上海媒体人"@宣克炅"以一个字"爽!"配以自己参加"上马"的照片发布微博,网友纷纷留言为他加油。演员"@周韦彤Cica"也发布微博,纪念自己的"第一次半马",微博评论数达到490条,转发达186次。

11月2日,"@解放日报"以"独家公布:2014上海马拉松全程选手成绩单"为标题,以图片形式列出所有跑完全程的选手名单和成绩,引起网友的关注。这条微博评论数量达到245条,转发数1 840次。11月4日,"@新闻晨报"发布微博"00后跑马",介绍赛诺菲乐苗计划带领的"00后"小学生参加"上马"的情况,被评论70次,转发538次。

总体来说,比赛日期间微博上对"上马"的议论以正面为主,公众的参与度高涨,充满了运动的正能量。

11月10日后,微博讨论逐渐减少,2014"上马"淡出公众的讨论议程。

三、应 对 处 置

第一,在活动前做好舆情风险研判和预防工作。

从比赛筹备到启动报名、预热活动,再到最终鸣枪起跑及后续工作,上海市体育局舆情应对团队全程参与,并提前做好多项舆情应对准备工作。经过全面分析,舆情应对团队预计有两个因素可能引发舆情:一是在比赛筹备前期,重点关注"报名"问题。与往年不同的是,2014年的"上马"报名采取官方网站和官方微信报名的"双屏"全线上报名方式,取消线下报名将引发疑义。二是临近赛期,空气质量问题易成为焦点。在"上马"开跑前一周,北京国际马拉松赛在PM2.5值超过300时仍如期开跑,众多选手戴口罩参赛,该事件成为网络热议话题,而社会公众和媒体也纷纷对随后开赛的"上马"提出相关疑问。对于可能引发舆情的因素,市体育局舆情应对团队提前进行预判,并在事前与赛事组委会竞赛部进行沟通,做好应对方案。

在第一次新闻发布会和赛前10天,市体育局两次召集驻沪中央媒体和上海主流媒体体育新闻负责人召开通气会,提前做好沟通,明确舆论导向和报道主题,对敏感问题提前预警,而媒体也纷纷为赛事宣传和各项工作出谋划策,帮助赛事公司改进工作,少走弯路。譬如,"上马"报名启动当天,《解放日报》和《新民晚报》的记者提前守候在赛事组委会办公现场,了解事情真相,及时对外发布主流声音,引导舆论导向。

第二,全面开展舆情监测和分析工作。

市体育局安排专业舆情公司全程实时监控负面舆情,同时在每项重要时间节点,包括"上马"报名启动当天,由舆情应对团队专人分工,对论坛、微博、微信等网友集聚的自媒体平台进行实时监控,倾听网友呼声;同时关注境内外报纸、广播、电视等传统媒体的报道,了解主流媒体声音。在发现潜在舆情趋势时,及时形成舆情专题报告;在赛事收尾后,制作整体舆情报告,帮助组委会做好赛事总结和评估。通过实时监控网络舆情和亲身试验,市体育局舆情应对团队及时监测到网友对"上马"报名的吐槽,也发现了相关问题。当天即对该舆情进行研判,汇总分析,形成舆情专报,上报给组委会领导。

第三,亲身试验报名,掌握第一手信息,消除舆情风险。

针对比赛报名问题,市体育局安排专人试验"上马"报名通道,将发现的"中外人士区别对待"等问题及时反馈给赛事组委会竞赛部,并督促组委会竞赛部将报名名额满额等信息通过微博、微信等渠道及时对外公布。

第四,借主流媒体发布信息,形成舆论引导合力。

公信力产生影响力,影响力决定引导力。市体育局舆情应对团队督促赛事组委会竞赛部,将赛事的受欢迎程度用访问量等大数据的方式,呈现给主流媒体,并公布后台数据。同时,对一些公众关注的信息,如开放报名查询功能的时间、方式、咨询电话、2016年"上马"的相关情况,市体育局舆情应对团队都通过《中国体育报》《解放日报》,以及"@上海发布"等政务微博进行了发布,做到了关键时刻"有效引领"。

与此同时,"上马"赛事组委会还联合《新民晚报》在开始报名的第二天推出"我为上马献一计"活动,有奖征集跑友、市民的"金点子"。部分由组委会采纳的"金点子"被刊登在《新民晚报》和新民体育的微信平台上。

第五,联合相关部门,及时发布网友关注的信息。

赛前10天,中国科学技术大学40人跑团向"上马"组委会发送公函,希望提前预报比赛当天的空气质量,并向媒体披露这一公函。对此,市体育局联合市气象局、市环保局等相关部门进行研究,制定应对方案。随后,赛事组委会回函表示,按照气象和空气质量监测规律,将于赛前3天向所有参赛选手提供比赛当日的天气预测和空气质量预测数据,以便选手们提前做好相应准备。赛事组委会借助媒体、微博、微信,并联合市通信管理部门,从赛前3天起发布温馨提醒,每天将开跑当日的天气预测和空气质量预测数据向社会公众发布,并短信发给跑友,得到了跑友的认可。

四、分析点评

总体来说,上海市体育局对2014年"上马"的舆情处置工作有计划、有条理、有效果,虽然期间遭遇了一些突发事件,但整体上"上马"的舆情较为平稳。上海市体育局针对本次"上马"采取的一些举措对大型活动的舆情应对工作具有较高的借鉴意义。

第一,立足预防,准备充分,通过研究预判与专业监测降低舆情风险。

针对2014年"上海国际马拉松赛"这样影响范围大、舆情周期长、情况错综复杂的大型活动来说,首先,要完全避免突发负面舆情事件几乎是不可能的;其次,面对新媒体裂变式的传播速度,如果待舆情事件爆发再采取应对措施将十分被动。因此,必须树立舆情风险预防和管控的意识,通过扎实的准备工作控制舆情风险。

上海市体育局组建专门的舆情应对团队,根据北京国际马拉松赛的经验和2014年的具体情况,对可能出现的"报名难"和"空气质量"等问题进行了预判,并制定了应对方案,可以称得上是有备而来。同时,上海市体育局安排专业的舆情公司对相关舆情进行全程实时监控,为及时捕捉舆情风险,有效开展舆情应对提供了坚实基础。事实证明,上海市体育局的一系列立足预防的舆情应对举措取得了较好的效果。

第二,与主流媒体结成坦诚互助的合作关系,合力推进"上马"的顺利举行。

为了确保"上马"等大型活动顺利举行,政府相关部门和媒体之间应该超越以往信息发布者和新闻发掘与报道者的简单、线性关系,为了同样的目标,二者应结成坦诚相见、相互协作的合作关系。上海市体育局在"上马"第一次新闻发布会和赛前10天等关键时间节点,召集驻沪中央媒体和上海主流媒体体育新闻负责人召开通气会,提前做好沟通工作,而媒体也纷纷为赛事宣传和各项工作出谋划策,最终的目标都是为了保障"上马"顺利举行。

当"上马"遭遇"报名难"问题的困扰时,媒体积极发布报名信息与技巧,同时通过辟谣报道制止了"上马名额5 000元一个"的谣言,为"上马"的成功举办发挥了重要作用。

第三,积极应用微博、微信等新媒体平台与公众进行直接、即时沟通,取得了良好的传播效果。建议对已成为品牌的公共微博、微信账号应持续运营、更新,保持并不断扩大其影响力,助力政府工作,为后续大型活动准备更好的传播平台。

2014年6月13日,上海国际马拉松赛开通官方微博——"@上海国际马拉松赛官微",除了不断更新关于2014年"上马"的最新资讯,还在比赛日等重要的时间节点及处理"报名难"等问题的过程中与网友进行直接、即时的沟通,取得了良好的传播效果。在预报比赛日空气质量的过程中,除了传统媒体,赛事组委会综合运用微博、微信等新媒体平台,契合了公众的媒体使用习惯,达到了预定目标。

截至2015年7月,经过2014年的"上马","@上海国际马拉松赛官微"共积累粉丝7 000多名。相关部门可以对已经形成品牌的公共微博、微信账号持续运营、更新,在平时发布一些与马拉松有关的新闻和知识,将其建成一个马拉松爱好者沟通交流的平台,逐渐树立自身亲民、可信的形象。这样一方面可以推进上海市马拉松运动的推广,另一方面也可在举办之后的"上马"时更好地发挥作用。

6

食品安全类

央视3·15晚会曝光上海福基销售超过保质期食品事件

一、事件由来

1. 舆情酝酿期

　　福基食品销售(上海)有限公司(简称上海福基)将临近保质期的食品原料销售给杭州广琪贸易公司,随后杭州广琪贸易公司将超过保质期的食品原料销售给多家知名烘焙企业。

2. 舆情爆发期

　　2014年3月15日,央视3·15晚会在20时20分曝光杭州广琪贸易公司大量销售过期进口食品原料。杭州广琪是面包新语等多家烘焙企业的供应商,而上海福基是这些原料的供货商。

　　20时26分,"@风雨飘渺0000"发布微博,第一次点出上海福基:"杭州广琪贸易公司　过期食品原料!!　上海福基国际食品进口公司!!　过期食品惨不忍睹!!"

　　事件曝光后,上海食药监局、工商局和公安等部门连夜出动,对上海福基进行查处。

3. 舆情发展期

　　3月16日3时16分,被曝光使用杭州广琪食品原料的上海新语面包食品有限公司紧急发表澄清声明。声明中称,仅有杭州面包新语曾采购过杭州广琪贸易公司提供的食品原料,但并未采购过媒体报道中提及的原材料。在得知媒体报道后,杭州面包新语已封存广琪公司提供的原料,全部门店已将所有涉及该公司提供原材料的产品下架。

　　由于涉及食品安全和知名企业,事件曝光后,《解放日报》《文汇报》、腾讯大申网等媒体纷纷报道该事件,事件也在网络上引起了关注。3月16日9时36

分,"@央视财经"以"上海福基食品被连夜查封"为标题发布微博,指出有关部门已经采取行动,查处了上海福基。新民网、腾讯大申网等网络媒体以"面包新语供应商售过期原料 上海连夜查封"等为题报道了食药监局对上海福基的查处行动。

3月16日14时56分,上海新语面包食品有限公司再次发表声明:"杭州面包新语系我司的加盟商,上海面包新语从未从杭州广琪贸易有限公司采购过任何原料。""@上海食药监"在3月16日下午发布微博,通报了全面调查上海福基公司的情况,指出上海新语面包食品有限公司未从杭州广琪贸易有限公司采购过原料。

3月17日,《解放日报》《东方早报》等传统媒体以"涉嫌向杭州广琪销售过期原料上海福基食品被查封"等为题报道该事件,一些网络媒体也对事件保持关注。

4. 舆情平息期

由于上海食药监局及时对涉事公司进行调查,并公开发布调查结果,舆情较快得以平息。

二、舆情分析

1. 媒体舆情分析

从2014年3月15日至3月19日,共有平面媒体报道18篇,网络媒体报道

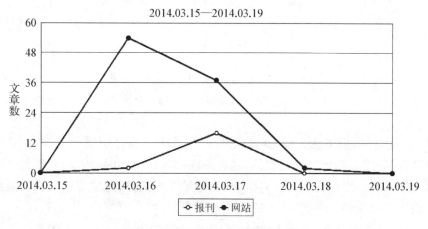

图 12-1　媒体报道趋势(单位:篇)

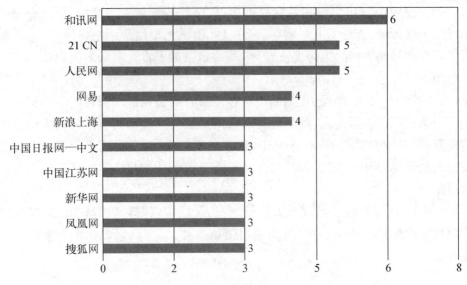

图 12-2 新闻报道量最高的媒体（单位：篇）

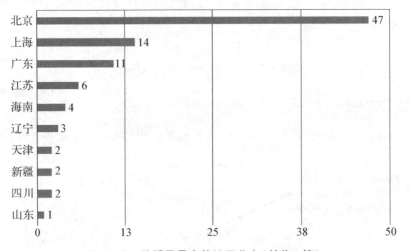

图 12-3 传播量最高的地区分布（单位：篇）

93 篇。网络媒体报道在 3 月 16 日达到高峰，而平面媒体报道则在 3 月 17 日达到高峰，在时间上滞后于网络媒体，这与平面媒体的出刊时间等因素有关。从新闻报道量最高的媒体来看，和讯网的报道数量为 6 篇，居首位，21CN 和人民网则以 5 篇居于第二位。从传播量最高的地区分布来看，北京媒体的报道量为 47 篇，远远超过上海媒体 14 篇的报道量，可见食品安全的问题在全国范围内都颇受关注。

3月16日,网络媒体率先跟进报道。腾讯大申网以"曝面包新语使用过期面粉 沪面包新语公司否认"为题做了报道。网络媒体对事件的报道在当天达到高峰,由于涉事公司面包新语在上海具有较高的知名度,媒体大多关注该公司对事件的态度,"面包新语"是第一阶段舆情的重要关键词之一。

相关部门对涉事公司的处置,也是媒体聚焦的另一个重点。凤凰网在3月16日中午刊登标题为"上海福基食品营业场所被查封"的报道,并且配发相关部门约谈相关公司的约谈通知书照片。中国新闻网则以"央视3·15曝光行业黑幕 多部门连夜进行查处"为标题刊登新闻,指出上海食药监、工商、公安等部门连夜出动,对上海福基进行查处。该文被网易、新浪等多个网站转载。

3月17日,平面媒体也开始跟进这一事件。《解放日报》以"涉嫌向杭州广琪销售过期原料 上海福基食品被查封"为标题报道该事件,《东方早报》则以"卖过期面粉 福基食品被查处"为题展开报道,报道内容聚焦政府部门对上海福基的处置,虽然比网络媒体晚了一天,但是在内容上并没有太大的区别。平面媒体对于该事件的报道,在当天达到最高峰,随后报道量便直线下降。17日,网络媒体对该事件继续保持关注。中华网发布新闻,标题为"福基食品卖过期面粉被查 上海面包新语称未采购",报道中着重提到面包新语公司的表态。和讯网、中国宁波网、中国经济网等网站也都转载了该文。

2. 社交媒体舆情分析

在新浪微博以"上海福基"为关键词进行数据抓取,在2014年3月15日至3月25日的时间范围内,共有相关微博34条,微博评论3 230条,总转发10 486次。从新浪微博舆情发展趋势图来看,舆情在3月16日达到高峰,当日共有微博24条,随后舆情迅速回落平息。

央视3·15晚会的曝光引爆了该事件的微博舆情,"@cctv315"在3月15日20时29分以"舌尖上的安全:发霉、生虫、过期食品流入身边面包房"为题发布微博,称"记者卧底面包新语、浮力森林、可莎蜜儿等多家烘焙企业供货商杭州广琪贸易公司,拍摄到:有的原料过期两年之久,有的甚至爬满虫子,而这只需撕标签就可改头换面重新上市"。"@温州都市报"和"@央视财经"也都发布了相同的信息。

"@风雨飘渺0000"的微博在微博舆论场第一次提及"上海福基",微博内容为:"杭州广琪贸易公司 过期食品原料!!上海福基国际食品进口公司!!过期食品惨不忍睹!!"3月16日9时36分,"@央视财经"以"上海福基食品被连

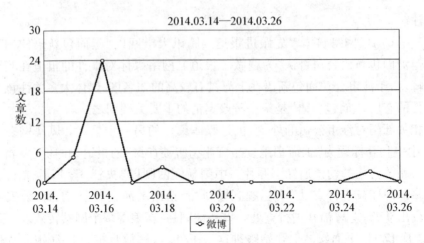

图 12-4　新浪微博舆情发展趋势(单位：条)

夜查封"为标题发布微博,指出有关部门已经采取行动,查处了上海福基。"上海福基被查封"的消息一出,迅速在微博上引起网友的转载,"@时代报"等媒体微博转发了相关信息。

作为负责食品安全的政府管理部门,上海市食药监局官方微博"@上海食药监"在3月16日14时56分发布微博:"上海食药监局会同公安部门连夜调查央视'3·15晚会'曝光的福基食品销售(上海)有限公司涉嫌销售临近保质期进口食品的情况,目前该公司及相关进口食品已被查封,对其经营情况开展全面调查。一经查实有违法行为,将严惩重处。另对上海新语面包食品有限公司检查,未发现该公司从杭州广琪贸易有限公司采购过原料。"

3月16日过后,微博上关于该事件的舆情基本平息。

三、应对处置

央视曝光后,上海市食药监局立即成立专案组,由市局领导亲自带队,会同普陀区政府及公安部门,组织食药监普陀分局、公安普陀分局、工商普陀分局和桃浦镇政府共100余名执法人员,连夜赶赴上海福基现场,开展调查处置工作。

第一,第一时间介入调查,掌握情况。

在3·15晚会曝光相关事件后,上海市食药监局派出专案组第一时间到达现场开展调查,采取临时查封措施,防止证据被销毁和事态进一步扩大。

3月15日当晚,专案组抵达上海福基位于上海市祁连山南路2888弄2号905室以及绥德路175弄5号楼三层北间C座(分公司)的办公场所。由于夜间涉案企业无人办公,为防证据被销毁,食药监普陀分局对上述两个办公场所采取临时查封措施,并安排执法人员24小时蹲点值守。3月17日,在连续蹲点守候和排查的情况下,专案组终于联系上上海福基相关负责人,并进入现场深入调查取证。

专案组和食药监普陀、宝山分局对位于宝山区江杨北路98号上海江杨农产品批发市场经营管理有限公司内、为上海福基配送食品的上海仁信食品有限公司(简称仁信公司)开展涉嫌问题食品的溯源调查。同时,食药监闵行分局对代理商食品进口和销售情况开展调查。

第二,依托主流媒体,及时发布情况。

央视和上海市相关媒体在3月15日当晚对上海市食药监局的调查处置情况进行了现场采访。3月16日,市食药监局在官方微博上发布阶段性调查进展情况,《解放日报》《新民晚报》《东方早报》等多家主流媒体及中国新闻网对此进行了报道,新华网、中国日报网、中国经济网、东方网等主要新闻网站以及新浪、搜狐、和讯等商业网站均予以转载。

第三,从严查处,消除安全隐患。

食药监普陀分局对代表处经营超过保质期食品的行为,依据《中华人民共和国食品安全法》第二十八条第(八)项和八十五条第(七)项的规定作出货值金额8倍(最高限为10倍)罚款的行政处罚,这一处置控制了事件的升级和发酵。

四、分析点评

总体来说,相关部门对于上海福基事件的舆情处理比较得当,事件在较短时间内得以平息。

第一,相关部门反应迅速,查处坚决,快速查清事实,使事态得到较好控制。

首先,在央视3·15晚会曝光福基食品销售(上海)有限公司涉嫌销售临近保质期进口食品后,上海食药监局会同公安部门连夜赴上海福喜公司开展调查,反应十分迅速。其次,相关部门在第一时间查明上海新语面包食品有限公司未从杭州广琪贸易有限公司采购过原料,由于面包新语在上海市有多家门店,迅速查明该情况对稳定局面、遏制谣言起到了关键作用。再次,食药监普陀分局依法对上海福基作出货值金额 8 倍(最高限为 10 倍)罚款的行政处罚,惩处态度坚决。

这些快速、坚决的举措对最终扭转舆情态势起到了有效作用。

第二,积极通过主流媒体发出权威声音,取得了较好的传播效果。

在 3 月 15 日晚查处上海福基现场时,上海食药监局在现场接受了中央电视台和上海市主流媒体的采访。通过主流媒体的报道,相关部门在第一时间表明了官方的态度及行动效率。同时,及时披露最新信息可以让公众了解整个事态是可控的,使公众在面对突发事件时能够保持镇定和理性。

3 月 16 日,当官方微博公布阶段性进展情况后,《解放日报》《新民晚报》《东方早报》等多家主流媒体报道了相关部门对上海福基公司调查处置的情况,并传播了上海新语面包食品有限公司未从杭州广琪贸易有限公司采购过原料的信息,新华网、中国日报网、中国经济网、东方网等主要新闻网站以及新浪、搜狐、和讯等商业网站均对此予以转载。可以说,相关部门很好地利用主流媒体,在较广的传播范围内发出权威声音,取得了较好的传播效果,事件较快平息。

第三,相关部门政务微博信息发布速度较慢,未在第一时间发布通报政府行动和事件相关信息,应积极运用政务微博持续更新事件进展情况,并在事件后发布加强食品安全监管工作的信息。

从 3 月 15 日晚央视 3·15 晚会曝光相关事件,到 3 月 16 日 14 时 56 分上海市食药监局发布官方微博通报事件处理进展,在近 20 个小时中,官方的政务微博在微博舆论场是失语的。按照"快报事实,慎报原因"的突发事件信息发布原则,在 3 月 15 日晚相关部门查处上海福基时,即可发布微博,介绍相关部门的行动。

虽然媒体对相关情况进行了报道,但是政务微博的传播功能并不能被省略。微博具有快速、即时的特点,相关部门应充分运用官方微博,持续更新事件的最新进展,主动设置议程,引导舆情走向。

虽然相关部门对此事件的应对处置反应很快,但是仍有一些网友质疑"曝一个查一个早干嘛去了"。在此事件后,相关部门应深入分析总结此事件暴露出的食品安全监管工作中存在的问题,一方面加强日常监管工作,从源头上消除舆情风险;另一方面,相关部门可通过官方微博公布接下来加强食品安全监管的具体举措,向公众表明持续改进相关工作的决心和态度。

上海福喜食品安全事件

一、事件概况

1. 舆情酝酿期

上海福喜食品有限公司使用过期劣质肉类作为原料进行食品加工，其产品供应给包括肯德基、麦当劳等知名品牌在内的众多餐饮公司。

2. 舆情爆发期

2014年7月20日18时38分，东方卫视播出新闻《过期重回锅　次品再加工　上海福喜食品向知名快餐企业供应劣质原料》，曝光了上海福喜将劣质肉类进行加工和生产的新闻。由于上海福喜的产品供应给麦当劳、肯德基等品牌形象较好、知名度较高的企业，事件引起了广泛关注。

当日19时30分左右，食药监部门会同公安部门连夜查处上海福喜公司。22时38分，"@上海市食药监局"发布微博称，目前该企业已被查封，涉嫌产品已被控制。

3. 舆情发展期

7月21日0时20分，新民网以"起底上海福喜：今年获评食品安全先进单位"为题发表独家报道，跟进上海福喜事件。同时，"@央视新闻""@人民网"等媒体也纷纷报道上海福喜事件，网民在社交媒体上热议事件，舆情迅速升温。

当天，福喜集团就此事进行了初步回应，在其中国官网上发表声明，表示将对上海福喜事件开展调查。

当日出刊的平面媒体，如《东方早报》《解放日报》等纷纷以长篇报道或评论等形式报道上海福喜事件。7月21日晚，东方卫视报道上海福喜使用劣质肉事件是其高层授意。此新闻在微博上引起了强烈关注。18时17分，"@上海发布"发布微博，标题为"韩正：必须彻查严处，一追到底！"，表明上海政府严查此事的决心。

随着国家食药监总局部署各地对福喜公司问题食品开展调查,各地媒体纷纷围绕当地食药监对洋快餐企业的检查展开报道。事件舆情从上海蔓延至全国各地,成为整个社会的关注焦点。

7月22日15时14分,凤凰周刊记者部主任"@邓飞"发布微博指出,上海福喜公司2014年2月还被上海评为食品安全先进单位。该微博评论数3 826条,转发达到7 467次。7月22日下午,上海市政府召开发布会,宣布上海市公安局已经介入对上海福喜的调查,上海市药监局也已经紧急约谈22家下游企业。当晚,东方卫视以"国家食药总局约谈福喜中国区负责人 对对方不配合表示不满"为题,对事件进行跟进报道。

7月23日,东方卫视深度报道组以"上海福喜:神秘的仓库"为标题,再度曝光上海福喜在不符合国家规定的场所内,将其他厂商生产的产品分装再次出售。当天中午,"@上海发布"发布信息"福喜食品负责人、质量经理等5名涉案人员今天被依法刑拘",引发媒体和网友的热议。

7月25日,麦当劳宣布取消与上海福喜公司的合作,改用河南福喜公司生产的产品,引起媒体和网友对河南福喜公司产品安全的关注。

7月26日,上海市食药监局就福喜事件召开新闻发布会,通报对于上海福喜的查处情况,并公布了上海福喜事件的新证据:上海福喜随意涂改产品生产日期和保质期。各大媒体对此进行报道。当天,福喜集团在官方网站上发表声明,表示"上海福喜产品全面收回,全球团队加入运营管理"。人民网等多家媒体进行了跟进报道。

7月28日,福喜集团总裁兼首席营运官大卫在上海召开发布会,表示"将持续投入大量时间和精力全面彻底地进行调查"。诸多媒体对发布会进行了报道。

7月31日,上海市政府召开新闻发布会,否认曾将上海福喜公司评为先进单位,并通报了上海福喜事件的处置进展情况,宣布将再次约谈福喜集团。

4. 舆情平息期

8月3日,东方网、上海热线等媒体报道"上海福喜事件刑拘人数达到6人",大量媒体跟进报道了此新闻。此后,事件舆情逐渐趋于平息。

二、舆情分析

1. 媒体报道分析

从2014年7月15日至8月15日,与上海福喜事件紧密相关的平面媒体报道共有1 769篇,网络媒体报道16 008篇。媒体报道在7月20日至7月26日达到高峰,随后快速下降,8月3日之后媒体报道显著减少。从新闻报道量最高的媒体来看,搜狐网以702篇报道占据首位,新华网、凤凰网分别以467篇和415篇位列第二、三位。从传播量最高的地区分布来看,此事受到全国范围内的广泛关注,北京媒体的关注度最高,之后依次为广东媒体和上海媒体。

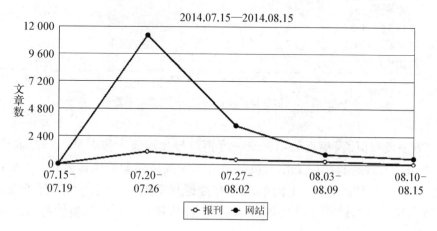

图13-1 媒体报道趋势(单位:篇)

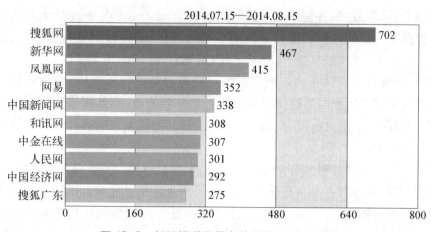

图13-2 新闻报道量最高的媒体(单位:篇)

2014年7月20日18时38分,东方卫视播出新闻《过期重回锅 次品再加工 上海福喜食品向知名快餐企业供应劣质原料》,曝光了上海福喜食品有限公司使用过期劣质肉类进行加工生产的新闻,各大网络媒体相继跟进报道。其

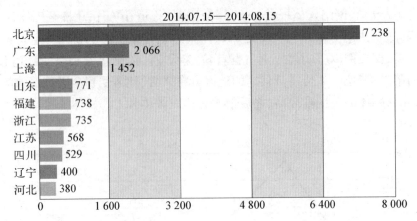

图 13-3　传播量最高的地区分布（单位：篇）

中，东方网发布报道《福喜公司保安一度拒放行食药监工作人员　产品或将下架》，指出"市食药监部门工作人员与沪上多家媒体随即前往该公司，却被保安拒之门外"。网易的新闻《上海要求所有肯德基麦当劳问题产品全部下架》有38 165名网友参与评论，网友们对福喜公司、洋快餐企业和食品监管部门都进行了质疑和指责。

　　7月21日出版的平面媒体纷纷对事件进行报道。《新民晚报》在头版头条进行报道，标题为"福喜竟用过期原料加工食品"。《东方早报》以"上海连夜查封福喜食品　要求肯德基麦当劳全面下架问题食品"为标题进行报道，对事件进展予以关注。《解放日报》发布记者手记，题目为"缺的不是制度是执行"。新华网以"上海福喜烂肉充当好肉卖过期鸡皮鸡肉制成麦乐鸡块"为标题发布新闻。各大平面媒体和网络媒体对事件进行了广泛报道，媒体报道数量迅速达到高峰。与此同时，中央电视台、浙江卫视、辽宁卫视等多家电视台都对福喜事件进行了持续报道。

　　上海福喜事件被曝光后，上海市食药监局等政府部门相继介入调查事件，而麦当劳、肯德基等以上海福喜作为供应商的企业也相继发声。媒体一方面聚焦事件的调查进展，另外一方面，也对涉事洋快餐受到的影响和相关态度给予关注。例如，人民网以"百胜、麦当劳深夜发表声明　肯德基早餐芝士猪柳蛋堡、香嫩烤肉堡受影响"为题报道了涉事洋快餐的表态和采取的应对举措，以及其产品生产与销售所受到的影响。

　　与此同时，随着国家食药监总局部署各地对福喜公司问题食品开展调查，各地媒体纷纷围绕当地食药监对洋快餐企业的检查展开报道。7月22日，黄河新闻网以"大同市突击检查被曝光洋快餐"为标题对该市检查结果进行报道。《深圳特区报》则报道了深圳当地的情况,标题为"深圳必胜客52门店4种原料来自福喜"。福喜事件在全国范围内的影响进一步扩大。

福喜集团对于该事件的表态也受到媒体的关注,人民网、商业福布斯中文网等大量媒体均对此进行了持续报道。7月21日,福喜集团在其中国官网上发表声明,表示将对上海福喜事件开展调查。7月26日,福喜集团发出声明,标题为"上海福喜产品全面收回,全球团队加入运营管理"。7月28日,福喜集团总裁兼首席营运官大卫在上海召开发布会,在回答各媒体提问的同时,表示"将持续投入大量时间和精力全面彻底地进行调查"。

关于上海福喜的处置与追责一直是媒体持续关注的主要内容。7月25日,华商网发布新闻《福喜面临天价罚单 上海警方刑拘该公司5名负责人》追踪事件进展。7月26日,上海市食药监局就福喜事件召开新闻发布会,通报对于上海福喜的查处情况,公布了上海福喜事件的新证据:上海福喜随意涂改产品生产日期和保质期。同时,上海市食药监局发布了《关于查处上海福喜食品有限公司案件的总体进展情况》,通报事件处置进展,相关情况被媒体广泛报道。

各大媒体针对上海福喜事件为代表的食品安全问题发表了多组评论,评论大多聚焦于此事件中食品安全监管方面暴露的不足之处。7月22日,中国共产党新闻网发表评论《"过期肉变身麦乐鸡"监管到哪去了》,《潮州日报》发表评论《发现臭肉的为何又是记者?》。7月29日,《深圳特区报》发表评论《从福喜事件看监管体制改革》。也有评论指出,在福喜事件中,洋快餐也负有不容忽视的责任。例如红网、中国共产党新闻网发布了题为"福喜事件中'洋快餐'的责任不容忽视"的评论。

由于涉及多个著名跨国品牌,上海福喜事件引发了外媒的关注。7月28日,《纽约时报》发布题为"快餐食品供应商暂停中国工厂生产"的报道,介绍了福喜事件。7月30日,路透社发布报道《中国食品安全监管为何总是慢半拍?》。在这些海外报道中,相关媒体对福喜集团等跨国企业的责任有所弱化,而更多地对中国的食品安全监管提出批评。

总体来看,在7月20日到7月26日这一周内,随着事件的曝光,媒体对于事件的报道数量呈现井喷态势,形成了本次舆情的最高峰。其中,网络媒体的报道数量远大于平面媒体的报道数量。

7月26日之后,媒体对于事件的报道直线下降,但是对事件的进展依然保持关注。在8月3日之后,媒体报道逐渐减少,趋于平稳。

2. 社交媒体舆情分析

在新浪微博上以"上海福喜"为关键词进行数据抓取,在 2014 年 7 月 15 日至 8 月 20 日的时间范围内,共有相关微博 1 428 条,微博评论 81 549 条,总转发 140 054 次。从新浪微博舆情发展趋势图来看,该事件的新浪微博舆情峰值出现在 7 月 20 日至 7 月 26 日,该时间段内共有 753 条相关微博,之后事件相关微博数量逐渐减少,但是公众对此事仍保持了一定的关注。

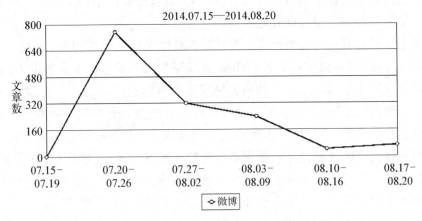

图 13-4　新浪微博舆情发展趋势(单位: 条)

2014 年 7 月 20 日 18 时 38 分,东方卫视播出曝光新闻后,有网友将相关报道转至微博。18 时 57 分,"@天涯小猫 121"的微博写道:"番茄台曝光,牛肉饼过期一年再加工,麦乐鸡是过期鸡翅碾碎再加工的。上海福喜为很多知名餐饮提供劣质原料。"微博还配上当晚东方卫视播放该新闻的截图。事件在微博上引发热议,各大媒体的微博也开始纷纷发布事件相关信息。"@人民网"以"曝麦当劳、肯德基供应商黑幕:发臭小牛排过期一年再加工"为标题发布微博,指出上海福喜公司使用劣质原料加工。"@21 世纪经济报道""@新闻晨报"等媒体微博也都发布了相关微博,引发网友热议和大量转发。其中,"@21 世纪经济报道"的微博"麦当劳、肯德基、必胜客供应商,被曝使用'过期劣质肉'"评论 579 条,被转发 4 345 次。

7 月 20 日 22 时 38 分,"@上海食药监"发布微博,报告了官方的调查进展:食药监部门会同公安部门连夜查处上海电视台曝光的上海福喜食品有限公司涉嫌用过期原料生产加工食品。目前该企业已被查封,涉嫌产品已控制。监管部门已责令福喜公司下游相关企业立即封存来自该公司的食品原料。随后,"@第一财经日报""@新快报""@人民网"都发布微博,介绍了相关部门对于上海福喜的调查进展。

7月21日,在上海福喜被曝光使用劣质肉的第二天,在国家食药监总局的部署下,各地食药监局纷纷对各地的福喜公司展开调查。"@四川发布"发布了主题为"成都:麦当劳等回应原料供应商问题"的微博。"@安徽日报"以"合肥麦当劳、必胜客封存问题肉"为标题发布微博。"@青岛晚报"的微博则介绍了"山东肯德基未用福喜产品 麦当劳涉事产品已封存"的情况。

事件曝光后,各涉事洋快餐也纷纷利用微博平台发表声明。7月21日0时46分,"@百胜餐饮集团"发表声明,表示已经要求旗下肯德基、麦当劳等餐厅停用并封存上海福喜提供的食品原料,相关食品停止销售。21日12时11分,"@肯德基"发布声明:除了福建省的少数餐厅个别产品会缺货,其他省的餐厅没有使用上海福喜提供的肉类食品原料。24日,"@麦当劳"发表声明"麦当劳中国决定终止与上海福喜的业务合作,并逐步将我们的供应来源调整为福喜集团旗下的河南福喜"。这条微博在短时间内引起巨大反响,微博的转发达到2 724次,评论达到3 786条。一部分网友赞赏麦当劳公司的诚恳态度,也有一部分网友质疑河南福喜提供的食品原料是否安全。

总体来看,网友们对洋快餐的态度出现了分化。一部分网友提出要抵制洋快餐,主动维权,但是最终并没有出现有组织的行动性意向。另一部分网友则在逆反心理下力挺洋快餐。作为潜在的受害者,一大批网友没有对洋快餐进行批评和质疑,反而表示"赶紧去吃一下某某快餐压压惊"。之所以出现这种逆向言论,可能的原因有两个。第一是之前本土企业、餐馆的食品安全问题频发,一些问题十分极端,公众对食品安全环境十分不满。此次虽然爆发了福喜事件,但是问题没有黑作坊、地沟油等问题那么触目惊心。同时,洋快餐至少有对产业链的品质控制,管控食品安全风险有章可循,其可靠性要高于大部分没有品质控制的中餐馆。相比之下,公众宁愿选择风险更低的洋快餐。第二,有一些网友对官方媒体抱有逆反心态,从阴谋论的视角去看待这一事件,认为"央视也就忽悠那些五毛""央视报道哪个不能吃我们就去吃那个",所以反而发表对洋快餐的支持言论。

7月21日晚,东方卫视跟进报道,曝出上海福喜使用劣质肉事件是其高层授意。此新闻在微博上引起了强烈关注。当天18时17分,"@上海发布"发布微博,标题为"韩正:必须彻查严处,一追到底!",表明上海政府严查此事的决心。

7月22日8时53分,"@央视新闻"以"福喜工厂质量负责人:用过期原料是工厂高层授意 多年一贯如此!"为标题发布微博,并配以东方卫视播出的新闻截图。该微博评论为2 309条,转发数达到4 299次,网友纷纷在评论里表达了对洋快餐食品安全的担心。随后,"@新华视点""@新华社中国网事"等媒体微博也都发布了这一新闻。

7月22日15时14分,凤凰周刊记者部主任"@邓飞"发布微博:"肯德基麦当劳他们确实用了劣质肉,但这些肉是上海公司提供的,该公司今年2月还被上海评为食品安全先进单位。另,新闻视频显示,每到麦当劳质检人员进厂检查时,该公司就将过期原料藏起来。所以,这个丑闻就是中国食品界丑闻,我们应公平正直。"该微博评论数3 826条,转发达到7 467条。

7月22日18时35分,微博号"@上海发布"以"快讯:本市已查实福喜'问题食品'5 108箱,初步查明9家公司使用福喜产品"为标题,发布了事件最新进展,该微博被转发1 971次。"@新华上海快讯""@上海食药监""@江西日报"等媒体微博都转发了该新闻。

7月23日,相关部门对上海福喜的查处进一步深入,福喜5名高管被刑拘。"@上海食药监"在12时43分发布上海福喜"公司负责人、质量经理等5名涉案人员被依法刑事拘留"的消息。随后,这一消息在微博上被广泛传播。"@凤凰财经""@今日头条"等拥有众多粉丝的媒体微博都发布了该消息。然而从舆论反应来看,网友们的愤怒并没有完全平息,网友们指出监管部门也负有责任。

7月26日,"@央视新闻"发布微博,标题为"福喜又一违法线索被查实 涉及4 396箱问题肉饼",微博指出,"上海福喜公司将退货的2013年5月生产6批次烟熏风味肉饼,篡改生产日期为2014年1月4日、11日和12日3个批号,并换包装更名为风味肉饼后销售"。这条微博瞬间引起热议,不少网友表示希望政府对上海福喜公司能够严肃处罚。"@新闻视点""@扬子晚报"等媒体微博也都发布了该内容。

7月27日,福喜集团总部针对事件发出声明。"@新闻晨报"以"福喜美国总部:收回所有产品"为标题发布微博,并配以福喜集团官网上的配图。"@华尔街日报中文网""@南方周末"等媒体微博对此微博信息进行了转发。

8月3日,"@都市现场"发布微博,标题为"上海福喜公司6名高管被刑拘",至此,因此事件被刑拘的人数再增加一人,微博还写道:"对食品药品违法犯罪活动,上海警方的态度是零容忍!"这一信息在当天被网友广泛讨论。

8月3日之后,社交媒体上关于上海福喜的舆论讨论逐渐减弱,但是公众对相关食品安全问题依然保持关注。

上海福喜食品安全事件

三、应对处置

上海福喜事件因涉及众多知名国际快餐品牌,影响范围极大、事件一经曝光,便受到公众和媒体的持续关注。在本事件中,上海市食药监局等单位主要采取了以下的应对措施。

第一,迅速反应,第一时间进行查处,及时发布权威信息。

7月20日晚,在上海福喜事件被东方卫视曝光后,上海市食药监局相关工作人员第一时间赶往上海福喜,对该公司展开调查。调查得出初步结果后,通过官方微博"@上海食药监"在22时38分发布微博,报告了官方的调查进展。

第二,持续利用各种新媒体平台发布调查进展,回应公众关切。

在整个事件的调查过程中,上海市政府和上海市食药监局持续利用政务微博、官方网站等新媒体平台发布事件调查进展,及时回应公众最关心的一些问题。继7月20日晚发布事件调查初步进展后,在21日至26日,微博"@上海食药监"持续发布上海福喜事件调查进展,上海市政府新闻办公室官方微博"@上海发布"也不断发声,表明政府态度,更新最新信息,对舆论进行正面引导。

第三,与主流媒体密切沟通,积极合作,通过媒体声音引导社会舆论。

在此事件中,上海市食药监局积极与东方卫视等主流媒体开展合作。东方卫视现场报道了上海市食药监局查封上海福喜公司、约谈上海福喜负责人等重要时间节点,较好地展现了官方的坚决态度和有力举措。

四、分析点评

总体来说,在上海福喜事件中,上海市政府与上海市食药监局等相关部门对于舆情的处置应对较为迅速、及时,态度较为积极、公开,取得了较好的效果,但是在某些方面仍有可以提高的空间。

第一,处置应对反应速度较快,展现了政府的积极态度,但在"福喜获评食品安全先进单位"一事的回应上,应对不够及时。

2014年7月20日18时38分,东方卫视播出新闻《过期重回锅 次品再加工《上海福喜食品向知名快餐企业供应劣质原料》。7月20日19时30分左右,上海市食药监部门便会同公安部门赶到上海福喜公司进行查处。22时38分,"@上海市食药监局"发布微博称,目前该企业已被查封,涉嫌产品已被控制。此时距离东方卫视的第一条新闻过去了四个小时左右。应当说上海市相关部门的反应速度相当快。

但是,在对于"福喜获评食品安全先进单位"一事的回应上,相关部门的反应较为迟缓。7月21日凌晨,新民网的报道和7月22日凤凰周刊记者部主任"@邓飞"的微博都指出,上海福喜公司曾被上海评为食品安全先进单位。相关报道和微博的影响力很大,引起了网民对政府的强烈质疑。但是,一直到7月31日的新闻发布会上,上海市政府才在公开场合正面回应、澄清此事。此时该消息已经造成了范围巨大、很难扭转的负面影响,由于反应较迟缓,相关应对收效甚微。

第二,对媒体报以公开、合作的态度,通过东方卫视等电视媒体对处置、约谈等现场进行播报,呈现政府的应对举措,表明政府的坚决态度,形成了良好的传播效果。

在处置事件的过程中,相关部门对媒体持有公开的态度,与东方卫视等主流媒体进行了良好合作。在7月20日晚查封上海福喜公司的过程中,东方卫视播出了相关部门质问福喜公司保安的场景:"我们现在依法执法,你们公司内部的规章我理解,但不可能高于我们国家的法律的。"在约谈福喜公司的过程中,面对福喜中国区负责人,上海市食药监局局长阎祖强指出:"这一个半小时足以掩盖一些违法的事实,到底这一个半小时,你们是在涂涂改改一些单据,但是干嘛了?""不管是谁,无论涉及任何岗位任何职务,只要违反了法律,违反了制度,包括违反了福喜原有的质量控制体系,都不可以原谅。"这些场景被电视直接播出,让人印象深刻。通过这些现场报道,相关部门表明了自己的态度,展现了一系列应对举措,取得了较好的传播效果,是善待媒体、善用媒体的良好体现。

第三,应尽早发布对福喜事件的最终调查结果。

要想最终完结此舆情事件,必须拿出官方权威的最终调查结果。相关调查越早结束越好,一方面能尽快平息舆论,另一方面能显示相关部门的工作效率。如果迟迟不发布最终调查结果,不但会给次生负面舆情的产生留下空间,而且可能被旧事重提,受到公众新的质疑。

第四,在公布调查结果和处罚措施的同时,要及时拿出有针对性的改进措施,避免此类事件再次发生。

面对此类食品安全问题时,公众最终关注的是今后如何避免此类事件的再次发生,实现长治久安。因此,相关部门应在公布事件处置结果、公众集中关注的时刻,及时附上有针对性的改进措施、长效机制和保障实施的办法(内容要简明),让公众感受到相关部门负责任的态度和工作效率。

第五,在日常通过多种方式宣传食药监相关部门的工作规程和工作效果,塑造良好形象。

从网民评论可以看出,公众对食药监等相关部门如何开展工作、开展了哪些工作并不了解,一旦出现问题,公众很容易得出食药监部门不作为的结论。针对此问题,首先,在媒介选择上,相关部门应当综合利用多种传播媒介,尤其要加大对微博、微信、门户网站等新媒介的应用,开展立体宣传。其次,在宣传内容上,要避免官样文章,尽量选用公众易于接受和理解的形式,积极宣传相关部门推出了哪些保障公众食品安全的举措,以及相关部门在一段时间内查出了多少食品安全问题等正面内容。再次,在宣传节点上,除了可以选择"3·15"等公众对食品安全问题关注度集中的节点外,在平时也要定期开展正面宣传,避免公众产生相关部门只是在重要时间节点开展宣传、平时不作为的印象。

第六,针对焦点事件要建立关键词库,持续加强舆情监控,防患于未然。

福喜事件的舆情热度虽然逐渐降温,但是在相当长的一段时间内事件并未完全终结。在事件的后续处置中,不断有新的舆情热点爆出,在各涉事主体的角力下,"翻案"的情况时有发生。因此,应在日常的舆情监测中建立关键词库,进行持续性监控,及时发现新的舆情动态,采取应对措施,防患于未然。

硅胶垫蒸煮馒头事件

一、事件概况

1. 舆情酝酿期

上海不少汤包店使用硅胶软垫替代原有的草垫来蒸包子、蒸馒头,如果硅胶软垫的质量不过关,会危害人体健康。

2. 舆情爆发期

2014年8月26日18时53分,上海新闻综合频道播出新闻《蒸馒头草垫改软垫　材质不明亟待监管》。新闻中称,由于原来使用的草垫容易粘底,在夏天也容易造成馒头变质,所以现在统一使用软垫。记者调查发现,类似这种软垫售价只有2元至3元,可能不是商家所称的食用硅胶。专家也指出,如果使用劣质塑料蒸馒头,会对身体造成伤害。新闻播出后,迅速引起各大媒体的关注和网友的热议。

3. 舆情发展期

8月27日,新浪上海、东方网、腾讯大申网、上海热线等沪上知名网站纷纷以"沪汤包馆硅胶垫蒸馒头　无法确定材质潜在危险大"为题,刊载了26日上海新闻综合频道报道的文字版。"@上海维权投诉"发布微博质问硅胶垫"真的无毒无害么?"获得37条评论,230次转发。

8月28日,主流平面媒体介入报道事件。《新闻晨报》刊发以"硅胶垫蒸馒头安全吗?谁给个准音!汤包店悄然换下传统竹木垫、纱布垫,专家称相关标准出台前应停用"为标题的新闻,对事件进行报道。

市质监局得知情况后,迅速行动,对事件展开调查。在8月28日的例行新闻通气会上,质监局新闻发言人表示,质监执法人员已对相应生产企业进行检查,同时,对企业的食品用硅胶垫进行了抽样送检,目前样品正在检验过程中。

同日,"@上海发布"发布微博"市质监局正对'硅胶垫蒸馒头'进行安全评价"。

8月29日,"@每日经济新闻""@上海最资讯"发布微博"上海多家店硅胶垫蒸包子 市食药监局称不归自己管"。28日、29日,"@上海质监发布"连续发布多条微博,报告事件调查进展。

9月10日,《新民晚报》发表评论《您吃不吃?》指出,在食品安全方面,"如果经营者和管理者能够将心比心,或者换位思考,那么,问题就会少很多"。

4. 舆情平息期

9月28日,上海市质监局在第三季度发布会上表示,经调查摸底,本市生产的硅胶垫产品所抽样品符合《食品用橡胶制品卫生标准》(GB 4806.1—94)要求。针对市民关心的食品用硅胶垫在高温下反复使用是否有安全风险,市质监局还组织专家进行安全评估。此外,市质监局还对本市60家可能涉及生产食品用橡胶制品的企业进行了排查。9月28日起,《新民晚报》等媒体以"硅胶垫能否蒸馒头?专家:符合标准可反复使用"为标题对最终调查结果进行了报道。随后,舆情逐渐平息。

二、舆情分析

1. 媒体报道分析

从2014年8月24日至9月2日,关于此事件共有平面媒体报道10篇,网络媒体报道269篇。媒体报道在8月29日及9月28日至29日形成两个高峰。从

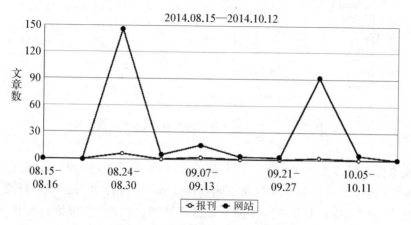

图 14-1 媒体报道趋势(单位:篇)

新闻报道量最高的媒体来看,新浪上海、东方网、中国食品信息网的报道量分别为 18 篇、17 篇、16 篇,排在前三位。从传播量最高的地区分布来看,上海、北京位居前两位。

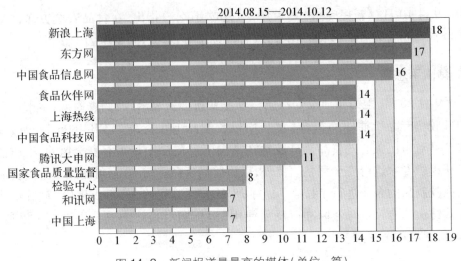

图 14-2　新闻报道量最高的媒体(单位:篇)

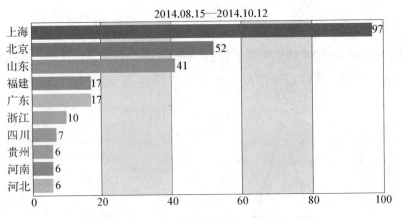

图 14-3　传播量最高的地区分布(单位:篇)

该事件在媒体上的第一条报道来源于 8 月 26 日傍晚的上海新闻综合频道,标题为"蒸馒头草垫改软垫　材质不明亟待监管"。随后,8 月 27 日,新浪上海、东方网、腾讯大申网、上海热线等沪上知名网站纷纷以"沪汤包馆硅胶垫蒸馒头　无法确定材质　潜在危险大"为题,刊载了该电视报道的文字版。

8月28日,《新闻晨报》刊发以"硅胶垫蒸馒头安全吗?谁给个准音!汤包店悄然换下传统竹木垫、纱布垫,专家称相关标准出台前应停用"为标题的新闻,提出疑问。平面媒体的介入将事件的关注度提升到一个新的高度。8月28日下午,新浪上海以"市质监回应硅胶垫蒸馒头 食品用橡胶标准需完善"为标题,刊登了有关部门的回应;新民网以"硅胶垫蒸馒头安全吗?专家:相关标准出台前应停用"为标题,刊登了专家的建议。8月29日,新浪上海再次以"硅胶食品蒸垫目前尚无国标 质监已抽样送检""质监启动'硅胶垫蒸馒头'安全评价 上海仅一家"为标题,报道事件最新进展。

在最终检测结果出炉之前,媒体对此事仍有提及。9月10日,《新民晚报》发表评论《您吃不吃?》指出,在食品安全方面,"如果经营者和管理者能够将心比心,或者换位思考,那么,问题就会少很多"。人民网、中国网等网络媒体对此进行了转载。

9月28日,市质监局在第三季度发布会上公布了后续调查结果,未发现安全问题。在28日和29日,多家媒体对此进行了报道。《新民晚报》的报道标题为"硅胶垫能否蒸馒头?专家:符合标准可反复使用",此报道被新浪上海、中国食品科技网等网络媒体广泛转载。东方网、腾讯大申网等媒体则在报道标题中突出硅胶垫虽符合标准,但"发粘变色应及时更换"。

9月30日之后,媒体没有再针对此事继续进行报道。

2. 社交媒体舆情分析

在新浪微博上以"硅胶 & 馒头"为关键词进行数据抓取,在2014年8月26

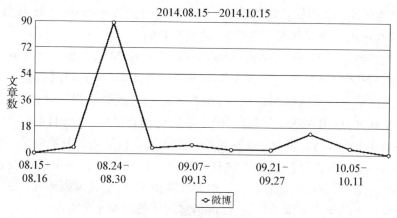

图14-4 新浪微博舆情发展趋势(单位:条)

日至10月15日的时间范围内,共有相关微博127条,微博评论445条,总转发991次。从新浪微博舆情发展趋势图来看,该事件的首个新浪微博舆情峰值出现在8月27日至29日,共有84条相关微博。第二个微博舆情高峰出现在9月28日至29日,即"@上海质监"发布对硅胶垫的最终检测结果时。

在新浪微博上第一条论及该事件的是8月26日21时1分"@川沙南门"发布的微博"沪汤包馆硅胶垫蒸馒头 无法确定材质潜在危险大(分享自@新浪上海)",这条微博链接了新浪上海的报道,但是并没有评论与转发。随后,新浪微博出现"硅胶垫蒸馒头"的话题。27日10时39分,"@上海维权投诉"以"硅胶垫蒸馒头疑问多"为标题,发布微博,微博主要针对"包子铺用的硅胶垫价格是怎样呢?是真硅胶还是假硅胶?它们真的无毒无害么?"这几个问题,提出质疑。"@宝宝鹿园""@杏仁马丁医生"等网友也都围绕硅胶垫的安全性提出自己的疑问。

8月28日,"@上海质监发布"以"硅胶垫用于高温蒸煮食品事件跟进调查进展"为标题,发布了回应该事件的第一条微博,指出:"市质监局已对全市食品用硅胶垫的生产企业进行排查。经查,本市有3家企业声称生产硅胶食品蒸垫,实际生产企业仅1家,执法人员目前正对其进行检查,并将其抽样送检。"随后在一分钟内,又发布第二条微博,表示正在对硅胶产品进行检查。在28日、29日两天,"@上海质监发布"围绕该事件发布了多条微博,多为转载《解放日报》《劳动报》等主流媒体对该事件的报道。但由于微博关注人数有限,评论和转发的数量十分有限。

8月29日,"@每日经济新闻""@上海最资讯"以"上海多家店硅胶垫蒸馒头 市食药监局称不归自己管"为标题,发布了微博,引起了比较负面的影响。"@经济参考报"也发布了类似微博。网友纷纷对此表示质疑。"@寒星8618"评论"难怪中国的食品那么不安全了,都没人管的"。

在微博舆论场上,经过一段时间的平静,从9月28日开始,"@上海质监发布"针对最终调查结果连续发布数条微博。例如,"#回应关切#【媒体报道硅胶垫用于高温蒸煮馒头后续跟进调查】生产食品用硅胶垫应当符合《食品用橡胶制品卫生标准》(GB 4806.1—94)。经市质监局调查摸底,上海目前生产食品用硅胶垫的企业为1家。经查,未发现该企业使用非食品用硅胶原料生产食品用硅胶垫的行为。其产品经抽样送检显示均符合标准要求。"该条微博被转载94次,评论28条,网友评论比较正面。然而在微博平台上,其他媒体和"大V"的微博对最终调查结果大多未予以关注,此信息的传播影响十分有限。

此后,社交媒体上的舆情逐渐平息。

三、应对处置

第一,关注舆情动态,掌握舆论情况。

在得知事件发生后,上海市质监局舆情团队随即加大舆情监测的范围和频次,密切关注舆情动态,从而掌握网络舆论动向,积极向局领导和相关处室反馈情况,为事件的处置和舆情的应对提供重要参考。

第二,组织开展调查,做好应对准备。

上海市质监局第一时间组织工作人员,对市内的硅胶垫生产企业进行调查,并将调查情况编写成应对口径备用。8月28日,在例行新闻通气会上,质监局新闻发言人依据备用口径就此事回答了现场记者提问,并指出质监执法人员已对相应生产企业进行检查,重点检查其是否有用非食品用硅胶原料生产食品用硅胶垫的行为,同时,对企业的食品用硅胶垫进行了抽样送检,样品正在检验过程中。

第三,持续跟进事件,主动发布信息。

在随后的第三季度新闻发布会上,市质监局再次主动公布针对硅胶垫的调查后续情况。针对市民关心的食品用硅胶垫在高温下反复使用是否有安全风险,质监局组织专家进行了安全评估。此外,市质监局还对本市60家可能涉及生产食品用橡胶制品的企业进行了排查。通过对于事件持续的调查和主动积极的调查信息发布,该事件的舆情得到平息。

四、分析点评

第一,舆情监测和迅速反应能力有待进一步提升。

关于"硅胶垫馒头"的第一篇新闻报道为上海新闻综合频道在8月26日傍晚播出的一条新闻,随后网络媒体和平面媒体开始跟进报道,舆情逐渐升温。但是直至8月28日,上海市质监局才通过通气会和官方微博正式表态。在26日至28日舆情酝酿发酵的关键两天中,政府的权威声音是缺位的。政府要实现对舆论态势的有效引导,必须要在舆论发展的起始阶段发出自己的声音,相关部门的舆情监测和迅速反应能力有待进一步提升。

第二，相关部门的初始媒体回应不够慎重，引发了负面舆论。

《新闻晨报》在8月28日发表了题为"硅胶垫蒸馒头安全吗？谁给个准音！汤包店悄然换下传统竹木垫、纱布垫，专家称相关标准出台前应停用"的新闻，提到"记者昨日联系了市食药监局和市质监局，对方均表示，此事并不在自己的管辖范围内"。随后，新浪网、北京晨报网等媒体皆以"上海多家店硅胶垫蒸馒头 市食药监局称不归自己管"为题进行了报道。在微博舆论场中，"@每日经济新闻""@上海最资讯"也发布同主题的微博，引发较大范围的负面舆论。

在媒体和公众看来，涉及馒头生产销售的问题理应在市食药监局和市质监局的管辖范围内，相关报道和微博呈现出两个部门相互推诿、不负责任的情况。政府相关部门要始终秉承为公众负责的态度，不管是不是在自己的管辖范围内，在回应媒体报道时，都不能简单地以不归自己管进行答复。在情况不明时要慎下结论，在对相关问题表示关切的同时，可请记者稍晚发布报道，在及时将责权明确后主动联系记者，避免落入被动局面。同时，政府部门之间要加强沟通和联动，不同部门间要协调统一，避免在媒体上呈现出矛盾、退位的形象。

第三，在后续处置中持续发布最新进展，积极主动设置议程。

虽然正式表态显得较为迟缓，首次回应不够慎重，但上海市质监局在介入调查后，不断发布事件的最新进展，在信息发布方面比较积极主动，此事件的两个舆论高峰都与相关部门的议程设置有一定关系。8月28日市质监局在例行发布会上回应事件后，媒体、网络很快刊登了质监局的回应内容，较好引导了舆论导向。9月28日，市质监局再次在新闻发布会上报告事件的调查结果，《新民晚报》、新浪上海、中国食品科技网等媒体对此进行了广泛报道。在9月硅胶馒头事件已经退出公众视野时，市质监局依然公开发布调查结果，显示出有始有终的负责任态度，从媒体报道和微博舆论反映来看，取得了比较正面的传播效果。

第四，在传播最终调查结果时，应积极运用"@上海发布"等影响力较大的政务微博及第三方舆论领袖，扩大相关信息在微博等社交平台上的影响力。

9月28日，市质监局召开新闻发布会报告对事件的最终调查结果。虽然媒体对此作了广泛报道，但是在微博舆论场上却没有引起太多反响。在传播类似信息时，相关部门可考虑借助"@上海发布"等政务微博，以及一些科普公众号、第三方舆论领袖的影响力，在更大范围内传播具有较大影响力的调查结果，消除公众疑虑。

7

社会治安类

上海地铁9号线"咸猪手"事件

一、事件概述

1. 舆情酝酿期

2014年6月30日,王某在上海地铁9号线上趁身旁女乘客不备,偷摸其腿部。王某的猥亵行为被同车乘客用手机拍下。

2. 舆情爆发期

6月30日14时8分,网友"123646阿斯顿"在优酷网站上传一则名为"上海地铁9号线猥琐男猥亵_001"的33秒视频,视频中一西装革履的男子在地铁上假装睡着,故意伸手去摸身旁女乘客的大腿。该视频被网友转发至新浪微博,引发网友大量转发。同时,有网友对王某展开了"人肉搜索"。

3. 舆情发展期

6月30日16时47分,上海市公安局城市轨道和公交总队民警微博"@轨交幺幺零"对该事件表态,"目前轨交警方已予以关注,正积极与始发者取得联系,也希望其他知情乘客能向警方提供线索"。

7月1日至2日,《新闻晨报》、中国新闻网、凤凰网等媒体纷纷对此事件进行报道。腾讯等门户网站的报道吸引了公众的高度关注和热烈讨论。7月1日11时8分,新民网发布报道《地铁9号线"色狼"视频现网络 热裤女遭偷摸》,附带相关视频,并介绍事件在网上的传播状况。7月2日,《新闻晨报》发布报道《地铁9号线上现"咸猪手"》,沪外媒体及网络媒体对此事也给予高度关注。

网友对该名男子展开了大规模人肉搜索,将其个人信息乃至家人信息都搜索、公开出来。7月2日下午,涉事男子王某在锦江集团领导的陪同下,前往公安机关说明情况,否认对女乘客实施骚扰,解释称"睡觉不小心碰到的"。这一辩解招致网民更为猛烈的抨击,而陪同前往的锦江集团也卷入舆论漩涡。7月4日,腾讯网的报道《男子被曝地铁内摸女孩屁股 昨现身否认》吸引了11 788条评论,网民们对王某进行了猛烈抨击。

因为王某的国企干部和党员身份,上海地铁"咸猪手"事件的舆论影响被放大,逐渐由区域舆情发展成全国舆情事件,参与讨论的网友遍布全网,态势汹汹。包括"@宣克炅""@杜子建""@中青报曹林""@吴稼祥""@作家崔成浩""@宋英杰"等网络"大V"及"@央视新闻"等媒体账号都先后发表评论。

7月5日,被卷入事件的锦江集团通过官网发布声明《集团党委要求依法依规严肃处理王某一事》。

7月6日下午,事件当事女乘客前往上海轨交总队报案,警方受理并着手开展调查。

7月7日,东方网刊出文章《"地铁咸猪手"色狼遭全面人肉 被指抄袭论文造假社保》,报道了网友对王某及其家人的人肉搜索情况。

7月8日,"@轨交么么零"发布长微博通报:"违法人员王某酒后在9号线车厢内故意摸被害女乘客裸露大腿部,构成了猥亵他人的违法行为,轨道公交公安根据其违法事实和情节,依法对其予以行政拘留。"然而,通报中"建议女性乘客出行穿着适当得体"的表述再次激起舆论风波,网民认为警方对女性不够尊重,为猥亵行为提供了理由。同日,锦江集团公布对王某的处理结果,王某被开除党籍、解除劳动合同。

多家媒体聚焦"受害女生现身报案"及王某"被所在公司开出党籍"。媒体报道达到高峰,当天共有5篇平面媒体报道及184篇网络媒体报道。

7月9日,媒体报道热度不减,共有38篇平面媒体报道和123篇网络媒体报道。《新民晚报》等平面媒体报道了王某被开除党籍并解除劳动合同的新闻,网络媒体也进行了持续报道。与此同时,多家媒体发表了对本次事件的评论文章。

7月11日,上海地铁1号线上又曝出"咸猪手"事件,原先已经渐趋平静的9号线"咸猪手"事件在微博等社交媒体上再次被提及。

4. 舆情平息期

在当事人受到处理后,舆情逐渐平息,但关于如何防范公共场所性骚扰的讨论仍在继续。

二、舆情分析

1. 媒体报道分析

在2014年6月30日至7月21日,共有平面媒体报道61篇,网络媒体报道

456篇。媒体报道在7月8日达到高峰。新闻报道量最高的前三个媒体分别为搜狐网、新华网、大河网。传播量最高的地区是北京、广东和上海。

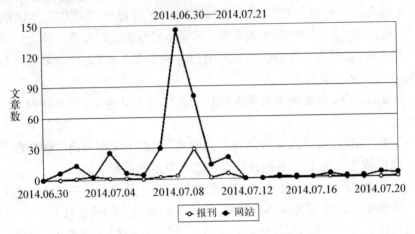

图15-1 媒体报道趋势（单位：篇）

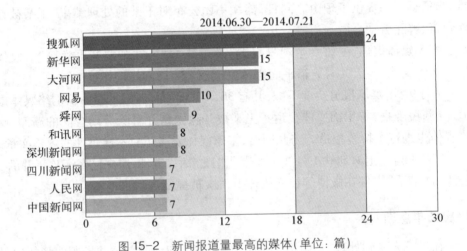

图15-2 新闻报道量最高的媒体（单位：篇）

从媒体报道趋势图中可以看出，此次事件中网络媒体的报道量远远大于平面媒体。总体来看，在7月1日至7月9日，媒体报道主要聚焦于事件进展，相关报道于7月2日和7月4日分别达到两个小高潮，在7月8日则达到最高峰。而在9日及之后，多家媒体发表了对此事件的评论。

7月1日11时8分，新民网发布独家报道《地铁9号线"色狼"视频现网

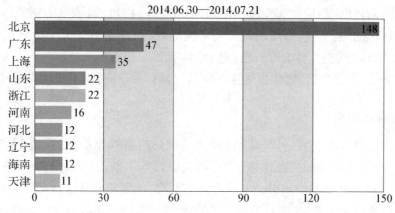

图15-3 传播量最高的地区分布(单位:篇)

络　热裤女遭偷摸》,附上了"咸猪手"视频。

7月2日,《新闻晨报》作了题为"地铁9号线上现'咸猪手'——视频情节有待进一步确认　警方已介入调查"的报道,获得大量网络媒体的转载。在7月2日,除了上海本地主流媒体,《中国青年报》《法制日报》等全国性媒体均报道了该事件。网络媒体对此事也给予了高度关注,引发网友热议。腾讯网的报道《上海地铁男子"咸猪手"摸女孩屁股被拍》有8 527条评论,网民对伸出"咸猪手"的男子进行了指责,同时也有网友指出,女士乘车要注意保护自己。

7月4日,媒体报道持续升温,并将报道的焦点转移到王某至警察局说明情况。《青年报》的报道标题为"9号线'咸猪手'视频当事人:睡觉时不小心碰到",《新闻晨报》的报道标题为"9号线被曝'咸猪手'男子昨现身否认　他说他是不小心"。网易、腾讯等门户网站进行了持续报道,其中腾讯网的报道《男子被曝地铁内摸女孩屁股　昨现身否认》有11 788条评论,网民们对王某进行了猛烈抨击。

7月8日,媒体报道达到高峰,当天共有5篇平面媒体报道以及184篇网络媒体报道。媒体集中报道了"受害女生现身报案"以及王某"被所在公司开除党籍"的情况,《北京晨报》的报道《地铁遭咸猪手　女生报警》以及中国新闻网的报道《上海地铁偷摸短裤女男子被解除劳动合同　开除党籍》被多家网络媒体转载。

7月9日,媒体报道热度不减,共有38篇平面媒体报道和123篇网络媒体报道。《新民晚报》等平面媒体报道了王某被开除党籍并被解除劳动合同的新闻,网络媒体也进行了持续报道。与此同时,多家媒体发表了对本次事件的评论文章,例如《新民晚报》的《"咸猪手"还是"霉猪手"》指出,网络上的正义感,必须弘扬,但网络上的戾气,必须遏制。新华网的评论《如何管住公交地铁"猥亵之手"》指出,应"建立立体合围打击'色狼'机制"。

在7月11日之后,媒体报道逐渐降温,"咸猪手"事件退出媒体报道视野。

2. 社交媒体舆情分析

在新浪微博上以"九号线咸猪手"为关键词进行数据抓取,在2014年6月30日至7月21日的时间范围内,共有相关微博561条,总评论12 840条,总转发22 279次。从新浪微博舆情发展趋势图来看,该事件的新浪微博舆情峰值出现在7月8日至9日,这两日共有近300条相关微博。在7月11日,微博舆情达到另一个小高峰,共有近90条微博。

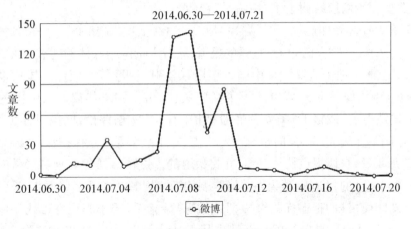

图15-4　新浪微博舆情发展趋势(单位:条)

6月30日,"九号线咸猪手"视频在优酷网上被爆出后,随即在微博上引发转发热潮。上海本地颇有影响力的论坛——KDS宽带山论坛的微博"@KDS宽带社"发布微博:"#KDS网友爆料#【上海地铁又现大胆咸猪手[怒]】上海地铁9号线一猥琐男子乘人不备用手抚摸一少女的大腿随后还若无其事地假装看手机!对待这样的败类,拘留已经太轻了,还请网友转发扩散!人肉然后将视频放给他们公司领导看看!滚出上海![怒骂]。"这一微博获得460条转发和101条评论,网友们纷纷谴责这一行为,并表示应该"人肉"此人。此外,其他颇有影响力的微博,如"@上海头条播报""@上海新动态"都转发了优酷网的视频,而它们发布的微博转发数也都达到上百条之多。该视频被上传至新浪微博后,马上呈现出爆炸式的传播态势,在短时间内迅速被传播。同时,诸多网友投入"人肉搜索"中,在不到一天的时间里,王某的个人信息及家人信息都被曝光于网络。

6月30日16时47分上海轨道和公交民警微博"@轨交幺幺零"对该事件表态:"目前轨交警方已予以关注,正积极与始发者取得联系,也希望其他知情乘客能向警方提供线索。"

7月4日,该事件在微博上达到第一个小高潮。这与7月2日王某在工作单位领导的陪同下至警局说明情况有关。王某解释称自己是"睡觉不小心碰到"对方的,如此辩解使得网民们的怒火愈加旺盛,许多网络"大V",如"@中青报曹林""@作家崔成浩"等对王某"无意中碰到"的说辞进行了猛烈抨击与嘲讽。"@上海最资讯"发布微博:"他说,这个叫睡着了!他说,这个叫'不小心'!他们领导说,这个不叫'性骚扰'!网站在帮他删除视频,媒体在帮他删除报道!幸好,网友@ Mr得應鼎 制作的GIF可以看清禽兽的真面目!犯错并不可怕,可怕的是连正视错误的勇气都没有!更可恶的是作为一家大型国企竟能如此是非不分的包庇员工!转吧!"该微博得到评论344条,被转发2 777次。

在7月8日和9日,微博舆论热度达到最高峰。本次事件中评论和转发最多的热门微博大多发布于7月8日。"@轨交幺幺零"发布长微博通报:违法人员王某酒后在9号线车厢内故意摸被害女乘客裸露大腿部,构成了猥亵他人的违法行为,轨道公交公安根据其违法事实和情节,依法予以行政拘留。然而通报中"建议女性乘客出行穿着适当得体"的词句引发网民的强烈不满,认为警方对女性不够尊重,为猥亵行为提供了理由。该条长微博被转发4 175次,评论2 254条,半数以上的热门评论指责警方的这一说法欠妥。

"@央视新闻"发布微博"上海地铁'咸猪手'男子被拘留",评论1 520条,转发1 874次。网友围绕王某的党员、干部身份,女性自我保护,对性骚扰谣行为的惩戒等问题展开了热烈讨论。

"@南方都市报"发布微博"上海地铁'摸腿男'被拘:当天喝了些酒,求网友勿骚扰家人",评论数652条,转发数741次。网友们对王某醉酒的说法进行质疑和抨击。

同在4月8日,《环球时报》的微博聚焦于网友的人肉搜索行为,指出"网民这么做对吗?[思考]"。该条微博得到537条评论,被转发360次。

7月11日,微博舆论迎来第二个高峰,上海地铁1号线又曝出"咸猪手"事件,原先已经渐趋平静的9号线"咸猪手"事件再次被提及,公共交通上的性骚扰问题成为人们持续讨论的热点话题。

7月12日之后,微博舆情逐渐降温,趋于平静。

三、应对处置

第一,上海市公安局城市轨道和公交总队民警快速应对,持续发布事件进展情况

"咸猪手"视频在微博上被大量转发后,上海市公安局城市轨道和公交总队民警官方微博"@轨交幺幺零"迅速表态:"目前轨交警方已予以关注,正积极与始发者取得联系,也希望其他知情乘客能向警方提供线索。"此后,"@轨交幺幺零"不断通报事件进展,于2014年7月8日和9日以"#网友关注#"为话题,对此次事件的警方处理结果和王某所属单位的处理结果分别以长微博的形式做了通报。

第二,锦江集团正面表态,公布对王某的处理结果

7月2日,锦江集团领导陪同王某赴公安机关说明情况。7月5日,锦江集团通过官网发布声明《集团党委要求依法依规严肃处理王某一事》:"王某在地铁9号线的猥琐视频事发后,集团党委和集团纪委高度重视,立即召开专题会议进行研究,要求旅游事业部党委尽快将事情调查清楚后,依法依规严肃处理,并以此为戒,加强对全体党员和职工的教育。"7月8日,锦江集团通过官网公布处理结果,王某被开除党籍、解除劳动合同。

四、分析点评

公共场所"咸猪手"事件在全国各地频繁发生,由于取证困难、受害女性碍于情面等问题,"咸猪手"们很少受到应有的惩罚,公众对此问题已经淤积了很强烈的怨气。由于本次事件有确凿的视频证据,加上王某党员、干部的身份,网友们对此事展开了空前热烈的讨论。对上海轨交警方和锦江集团来说,面对汹涌的舆论,如何妥善处置,并与公众开展有效沟通,获取公众的理解,是一次重大考验。

第一,上海轨交警方官方微博的反应较为积极主动,但是在处理公告中有部分表述不够慎重,应进行总结与反思,对引发争议的表述向公众致歉。

6月30日下午"咸猪手"视频开始在网上疯转,上海轨交警方的官方微博

"@轨交幺幺零"于当日16时47分即发表微博表示轨交警方已予以关注,反应迅速,表态积极。

然而"@轨交幺幺零"在7月8日发表的长微博中,"建议女性乘客出行穿着适当得体"的说法不够妥当,让网民感到其中隐含为猥亵行为开脱、将责任归于无辜女性的倾向。在"咸猪手"事件中,涉事女乘客是不折不扣的受害者,准确地说,此长微博在观念和认知上存在偏差,应进行总结与反思,坦诚面对争议,向公众致歉。

第二,锦江集团应与涉事员工直面实际情况,以真诚坦率的态度处置危机,而不是否认"咸猪手"行为,试图蒙混过关,从而引发二次危机。

在"人肉搜索"愈演愈烈之时,7月2日下午,王某迫于压力,在锦江集团领导陪同下前往公安机关说明情况。然而在警局,王某却解释称自己是"睡觉时不小心碰到的",否认对女乘客实施骚扰。在确凿的证据面前,在公众的关注下,王某这样不思悔改、负隅顽抗的辩解必然引发二次舆情危机。

与此同时,王某是在锦江集团领导的陪同下到公安机关说明情况的,在外界看来,王某的辩解是得到锦江集团确认的。因此,锦江集团也无法逃脱干系。在面对危机时,真诚沟通是最重要的原则之一。只有诚实承认错误、诚恳表明态度、诚意解决问题,才能获得公众的谅解。而错误判断形势,抱着侥幸心理一味诡辩只能造成火上浇油的局面,进一步激怒公众。

第三,面对危机,仅仅发布对当事人的处置结果是不够的,锦江集团应向公众公开道歉,修复企业形象。

7月8日傍晚,在上海轨交警方通过官方微博通告处理结果后,锦江集团也通过官网表示,决定给予王某开除党籍处分,并与王某解除劳动合同。然而,仅仅对王某进行处置是不够的。这样反而给公众留下了"舍卒保车"的印象,认为锦江集团是急于撇清责任而做出的开除决定,甚至开除行为本身的合法性也受到公众的质疑。面对危机,锦江集团应当勇于承担责任,坦诚面对自己在员工教育与管理方面存在的问题,向公众公开道歉,以此获取公众的原谅,修复企业形象。

第四,在社交媒体高度发达的当下,锦江集团应建立与运营好自己的官方微博,通过微博即时发布重要信息,与网友进行直接沟通。

在此事件中,由于缺少发言渠道,锦江集团在微博舆论场中处于"缺位"的状态,无法直接表达自己的态度与声音,更谈不上对微博舆论进行引导。在当前的舆论格局下,锦江集团亟须尽快建立与运营好自己的官方微博,即时发布重要信息,与网友进行直接沟通。

8

校园教育类

静安区推出"最严入学新政"事件

一、事件概况

1. 舆情酝酿期

热门学校的对口学区房房价年年攀升,虽然名校对口生源逐年增多,班级一扩再扩也难以容纳新的生源。针对这一情况,2014年4月15日,上海市静安区公布《2014年本区义务教育阶段学校招生入学工作的实施意见》(简称《意见》),明确从2014年开始,区内各公办小学将开始建立对口入学新生数据库,本区内每户地址五年内只享有一次同校对口入学机会。静安区教育局相关人士在接受《新闻晨报》采访时对此作出解读:"这就意味着,一套用来入学的房子,五年内不能再用第二次。"

2. 舆情爆发期

《意见》一经公布立即引发热议,家长们称之为"最严入学新政"。4月16日,《新民晚报》发表题为"高价'学区房'遭遇'最严新政'——静安区每户地址5年只享有一次'同校对口入学'"的报道。"@上海新闻播报"等媒体官方微博发布相关消息,引发网友热议。因为牵涉到各方利益,这些评论中有人欢喜有人愁。

3. 舆情发展期

继静安区之后,在长宁区几所热门小学的招生公告中,都强调优先满足"人户一致"的学生。

总体来看,媒体对事件的报道在4月16日至18日以及21日至25日形成两个高峰。在第一个报道高峰,媒体关注的主要内容是政策内容、市民的相关反应及官方的政策解读。4月17日,《解放日报》发表题为"给'以房择校'降温,到底靠啥——每户5年限一次对口机会 静安就近入学'最严新政'引发热议"的报道。上海市教委巡视员尹后庆对"新政"进行了解读,并表示市教委对"新政"的支持。4月18日,《新闻晨报》发表题为"市教委:支持静安'最严入学新政'"的报道。同日,《新闻晨报》采访静安区教育局,发布报道指出"'新政'不影响今明年入学"。针对"新政"对房地产市场的影响,《上海金融报》发表评论《最严新政难挡学区房热潮》。

4月25日,《新民周刊》的报道《上海:对学区房念"紧箍咒"》被搜狐焦点网等网络媒体转载,引发媒体报道的第二个高峰。

4. 舆情平息期

经过一系列公开的政策解读和舆论宣传,政策为更多市民所了解,舆情逐渐平息。

二、舆情分析

1. 媒体报道分析

2014年4月15日至4月30日,共有平面媒体报道6篇,网络媒体报道34篇。新闻报道量最高的前三个媒体分别为东方网、搜狐焦点网与和讯网。传播量最高的地区是北京和上海。

相关报道在4月16日至18日以及21日至25日两个时段形成两个高峰。

在第一个报道高峰,媒体关注的主要内容是政策内容、市民的相关反应及官方的政策解读。4月16日,《新民晚报》发表题为"高价'学区房'遭遇'最严新

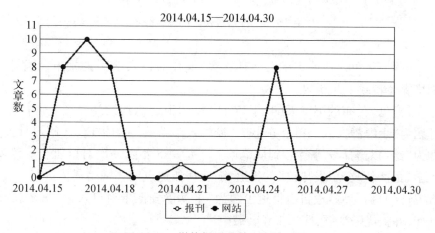

图16-1 媒体报道趋势(单位:篇)

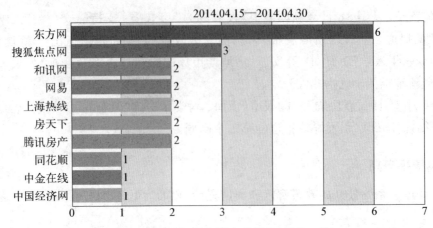

图 16-2　新闻报道量最高的媒体（单位：篇）

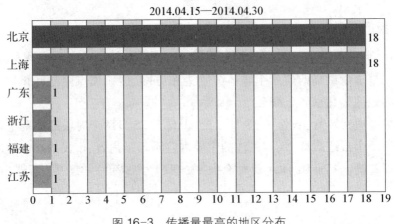

图 16-3　传播量最高的地区分布

政'——静安区每户地址 5 年只享有一次'同校对口入学'"的报道。网易等多家网络媒体转载了此新闻。

在《意见》公布的第二天（4 月 17 日）媒体报道达到最高峰,《新闻晨报》刊登标题为"上海静安区公布公办小学'最严入学新政'"的报道。《解放日报》发表题为"给'以房择校'降温,到底靠啥——每户 5 年限一次对口机会　静安就近入学'最严新政'引发热议"的报道,随后搜狐焦点网等网络媒体进行了转发。东方卫视《直播上海》栏目也报道了题为"上海静安区推对口入学'最严新政'"的新闻,并被优酷视频、搜狐视频转载。

同在 4 月 17 日,市教委巡视员尹后庆对"新政"进行了解读,并表示市教委对"新政"的支持。4月18日,《新闻晨报》发表标题为"市教委：支持静安'最严入学新政'"的新闻。同日,《新闻晨报》采访静安区教育局,发布报道指出"'新政'不影响今明年入学"。

4月18日,针对"新政"对房地产市场的影响,《上海金融报》发表评论《最严新政难挡学区房热潮》。

4月25日,《新民周刊》的报道《上海：对学区房念"紧箍咒"》被搜狐焦点网等网络媒体转载,引发了媒体报道的第二个高峰。相关报道主要聚焦"新政"对房地产市场的影响。

2. 社交媒体舆情分析

在新浪微博上以"静安最严新政"为关键词进行数据抓取,在2014年4月15日至4月30日的时间范围内,共有相关微博60条,微博评论182条,总转发302次。从新浪微博舆情发展趋势图来看,该事件的新浪微博舆情峰值出现在4月16日和17日,这两日各有19条相关微博。此后微博舆论逐渐降温。

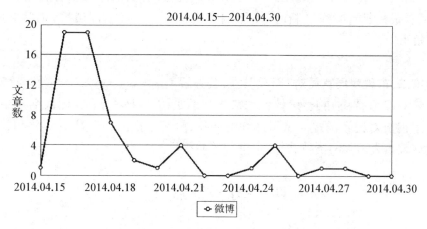

图16-4　新浪微博报道趋势(单位：条)

4月16日,新浪上海新闻频道官方微博"@上海新闻播报"、"@东广新闻台"等新闻网站官方微博都发布了此条新闻,称"静安出新政剑指学区房：每户五年内限一次对口入学",并引发数十条评论和转发,部分网民认为此举"助长房价飙升",也有上海本地市民表达"自己的资源被外地人占用"的观点。

除了新闻网站的官方微博,微博上另一大讨论热点是"新政"对房地产市场的影响。4月17日,"@理财周刊""@证券资讯博览""@上海搜房网"等与财经、房地产领域相关的官方微博也转载《新闻晨报》、东方网等媒体关于"静安区实行最严新政"的新闻,并引发众多网友的热议。除了一些网友抱怨"买不起""太严格"以外,也有部分网友表示"这是一笔不错的投资"。在新浪微博上网友还发起了话题"#上海学区房#",希望引起更多人的注意。

而在后期,微博舆论对事件的讨论主要聚焦在房地产领域。4月21日,"@搜房网"发表微博称"入学新政遏制炒卖学区房,学区房买卖面临风险"。4月25日,"@上海新浪乐居"发起话题【学区房猛于虎 这么贵到底值不值?】沪版'就近小升初'新政落定,学区房应声大涨。静安区部分学区房受'最严入学新政'影响,价格出现10万—30万跳涨,一符合条件的房源以超市场价近200万入市"引发网友热议。

三、应对处置

第一,静安区教育局接受媒体采访,明确政策施行时间。

"新政"在市民中间引发热议后。4月17日,静安区基础教育科科长接受《新闻晨报》采访,明确"'新政'不影响今明年入学"。《新闻晨报》随后对此进行了报道。

第二,市教育局官员对"新政"进行公开解读。

4月17日,"感知上海"教育均衡化主题采访活动举行。在此次活动中,市教委巡视员对记者的提问做了详细的回答,解读了推出"新政"的背景和目的,并对该政策表示大力支持,对舆论进行正向引导。

四、分析点评

义务教育阶段学校招生入学的相关政策关系到学生的入学升学情况,备受市民关注。静安区《2014年本区义务教育阶段学校招生入学工作的实施意见》一经公布即引发媒体关注和舆论热议,并被称为"最严入学新政"。面对社会的高度关切,政府对《意见》及时进行了公开解读,较好地引导了舆论走向。

第一,在发布《2014年本区义务教育阶段学校招生入学工作的实施意见》等重要政策之前,应进行舆情风险评估,提前制定舆情应对方案。

静安区公布的"新政"规定较为严格,影响范围较广,必然会引发公众的疑问和议论。在公布《意见》之前,相关部门可对目标群体开展一些调研,针对公众可能产生的疑问提前制定解答方案。

第二,在《意见》引发社会热议后,相关部门通过主流媒体进行了政策解读,较好地引导了舆论走向。

在"新政"引发各方讨论后,针对公众的疑问,相关部门通过《新闻晨报》《劳动报》等主流媒体进行了政策解读,尤其是《新闻晨报》发挥了重要作用。在4月18日,《新闻晨报》在第A06版发表了《市教委:支持静安"最严入学新政"》与《静安:"新政"不影响今明年入学》两篇报道。前者阐明了"新政"推出的背景与目的,后者明确了"新政"施行的时间。这两篇报道都被网络媒体广泛转载,较好地回应了公众疑问,引导了舆论走向。

第三,相关部门应当进一步运用自身政务微博和上海政务微博群积极发声,回应网友关切。

政务微博是政府部门收集民意民智、进行信息公开、与网民开展互动的重要渠道,尤其在公共事件的重要时间节点,政务微博是政府公开发声最直接、最便捷的渠道。目前,包括静安区教育局官方微博"@上海静安教育"在内的政务微博运营不够积极主动,影响力十分有限,没有完全发挥出政务微博应有的作用。具体到此事件中,面对网友们的疑问和议论,相关部门应当进一步运用自身政务微博和上海政务微博群对政策进行解读,直接回应网友关切,使公众更好地理解和接受新的政策。

杨浦区女童遭猥亵事件

一、事件概况

1. 舆情酝酿期

2014年6月7日15时左右,杨浦区民办畅想艺术幼稚园一自用工临时让其家属张某代为值班。其间张某以带孩子玩滑梯为由,引诱3名在幼儿园外玩耍的来沪务工人员随迁幼女进入幼稚园内,对其进行猥亵。事发后,张某因涉嫌猥亵被警方刑事拘留。

2. 舆情爆发期

2014年6月11日0时39分,篱笆网论坛出现帖文"杨浦一家幼儿园门口保安猥亵幼女"。

12时5分,东方卫视播出新闻《上海:一幼儿园保安涉嫌猥亵女童被刑拘》。记者采访了受害女童家长及涉事幼儿园园长。江苏卫视等沪外电视台也对此事进行了报道。

12时17分,"@宣克炅"发布微博"幼儿园保安猥亵三名园外女童被刑拘",指出"该名保安有猥亵前科"。此条微博评论数226条,被转发659次。

3. 舆情发展期

相关舆情在微博舆论场爆发后,6月11日中午开始,"@新民晚报新民网""@新闻晨报""@上海新闻播报""@重庆晨报""@现代快报"等媒体微博纷纷跟进,发布了事件情况。"@宣克炅"亦发布数条微博更新事件进展。

网络媒体的报道同步更新,12时36分,新民网发布独家报道《杨浦一幼儿园内男子猥亵3女童已被刑拘》,较详细地介绍了事件情况。17时15分,新华网发布新闻《上海一幼儿园发生猥亵园外女童事件嫌疑人被刑拘》,网易转载了新华网的新闻,有15 092名网友参与评论。网友们强烈谴责了张某,要求对其进行严惩。

6月11日晚,杨浦教育网和"@上海教育"发布《网络上关于畅想艺术幼稚园猥亵女童一事的情况说明》。

6月12日,当日出版的平面媒体开始对此事件进行报道,网络媒体也进行持续跟进。当天共有23篇平面媒体报道与78篇网络媒体报道,媒体报道达到最高峰。《新闻晨报》和《东方早报》的报道在介绍案件情况的同时,都在开头部分指出教育主管部门(杨浦区教育局)对此事高度重视,将依法依纪对学校和相关责任人进行处理和责任追究,并进一步加强监管,针对民办教育机构,制定一系列制度性强制规定,防范类似事件再次发生。

6月13日,中国教育报发表评论《幼儿园工作人员须把好入口关》。

6月20日,上海市杨浦区人民检察院对涉嫌猥亵3名女童的该区某幼儿园门卫张某批准逮捕。20日、21日,新华网、中国新闻网、东方网、《解放日报》等媒体对此事进行了报道,形成了一个媒体报道的小高峰。"@新华视点""@东广新闻台"亦发布了"上海:涉嫌猥亵三名女童的幼儿园门卫被依法批准逮捕"的微博。

4. 舆情平息期

6月22日之后,该事件没有再出现新的舆情焦点,相关媒体报道和微博舆情逐渐平息。

二、舆情分析

1. 媒体报道分析

在2014年6月10日至6月25日,共有平面媒体报道37篇,网络媒体报道

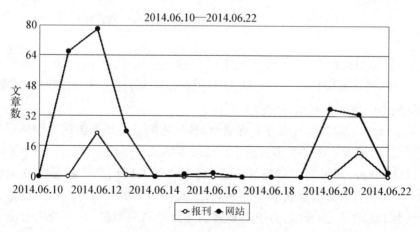

图 17-1 媒体报道趋势(单位:篇)

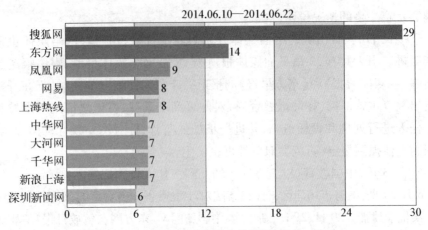

图 17-2　新闻报道量最高的媒体（单位：篇）

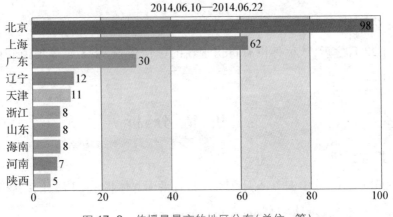

图 17-3　传播量最高的地区分布（单位：篇）

243 篇。媒体报道在 6 月 11 日至 6 月 12 日达到最高峰，在 6 月 20 日至 6 月 21 日达到次高峰。新闻报道量最高的前三个媒体分别为搜狐网、东方网和凤凰网。传播量最高的地区是北京、上海和广东。

6 月 11 日 12 时 5 分，东方卫视播出新闻《上海：一幼儿园保安涉嫌猥亵女童被刑拘》。记者采访了受害女童家长及涉事幼儿园园长。

12 时 36 分，新民网发布独家报道《杨浦一幼儿园内男子猥亵 3 女童已被刑拘》。该报道采访了受害女童的家属，家属介绍了事件经过。新民网记者从杨浦区教育局了解到，这名男子不是该幼儿园的聘用人员，三名受害女童也不是该幼儿园的学生。男子张某，江苏来沪人员，其妻子是该幼儿园的营养师，负责给配餐工作,平时兼晚间值守工作,事发时正值高考,她回家照顾儿子,让其老公张某代值班。教育局表示,幼儿园自用工和临时替代没有相关规定,营养师是有证的,张某是自由职业,对轮换值班幼儿园管理有问题,之后会采取措施改进。

17时15分,新华网发布新闻《上海一幼儿园发生猥亵园外女童事件嫌疑人被刑拘》,网易转载了新华网的新闻。

在6月11日,参与报道的66家媒体全部是网络媒体,在报道初期,大多数媒体的报道标题为"上海一幼儿园保安涉嫌猥亵儿童 警方已介入调查"。在核实了张某身份等相关信息后,后期网络媒体的报道大多转载新华网的新闻《上海一幼儿园发生猥亵园外女童事件嫌疑人被刑拘》。

6月11日晚,上海杨浦教育网发布《网络上关于畅想艺术幼稚园猥亵女童一事的情况说明》。

6月12日,当日出版的平面媒体开始对此事件进行报道,网络媒体也持续跟进。当天共有23篇平面媒体报道与78篇网络媒体报道,媒体报道达到最高峰。

《新闻晨报》的报道题为"幼儿园顶班'爷爷'猥亵女童",《东方早报》的报道题为"男子将三女童骗入幼儿园猥亵 系员工丈夫 此前一直住门卫室",两篇报道都介绍了案件经过,犯罪嫌疑人张某已被刑事拘留。同时,两篇报道都在开头部分引用了《网络上关于畅想艺术幼稚园猥亵女童一事的情况说明》中的内容:教育主管部门(杨浦区教育局)对此事高度重视,要求公安部门严惩犯罪嫌疑人,并将根据警方调查结果,依法依纪对学校和相关责任人进行处理和责任追究,并进一步加强监管,从严规范用工,加强校园安全管理。同时将针对民办教育机构,制定一系列制度性强制规定,防范类似事件再次发生。

凤凰网、腾讯大申网等网络媒体对相关报道进行了转载。

同在6月12日,《东方早报》发表文章《如何避免伤害再次发生?》,通过采访杨浦区教育局综治办一位姓倪的负责人,报道指出,公办幼儿园保安统一聘用,民办幼儿园夜间安保可由园方自行安排。上海市协和教育集团协和实验幼儿园园长吴丽英指出,即使是没有证书不能上岗,幼儿园也要求临时救急的保安人员通过其他有合法资质的保安进行的"自培"。

6月13日,《中国教育报》发表评论《幼儿园工作人员须把好入口关》。评论指出,各地教育管理部门须以此案为警示,开展全面排查,辞退有潜在问题的人员。同时要强化问责,只有强化了问责,才能使相关负责人把好对保安与非教师工作人员的招聘和管理关。

6月20日，上海市杨浦区人民检察院对涉嫌猥亵三名女童的该区某幼儿园门卫张某批准逮捕。在20日、21日，新华网、中国新闻网、东方网、《解放日报》等媒体对此进行了报道，形成了一个媒体报道的小高峰。

6月22日之后媒体报道逐渐平息。

2. 社交媒体舆情分析

在新浪微博上以"杨浦+幼儿园+猥亵"为关键词进行数据抓取，在2014年6月10日至7月4日的时间范围内，共有相关微博136条，总评论数956条，总转发数1 922次。微博舆情在6月11日至6月12日达到高峰。

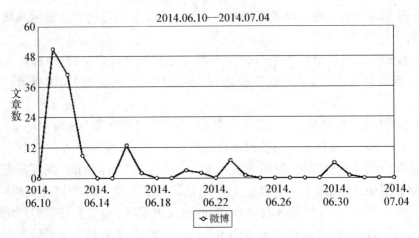

图17-4　新浪微博舆情发展趋势（单位：条）

6月11日0时39分，篱笆网社区出现帖文"杨浦一家幼儿园门口保安猥亵幼女"。6月11日12时9分，"@钡团的麻麻"发布微博："我在@篱笆网发现一个强帖，快来围观【杨浦一家幼儿园门口保安猥亵幼女　老干部闲聊　篱笆网-年轻家庭　生活社区】"，并附上了篱笆网相关帖子的链接。

12时17分，"@宣克炅"发布微博"幼儿园保安猥亵三名园外女童被刑拘"指出，"该名保安有猥亵前科"，该微博评论数226条，被转发659次。

12时55分，"@新民晚报新民网"发布微博"上海一幼儿园保安涉嫌猥亵女童[怒]"，并附上新民网的报道链接。之后，"@新闻晨报""@上海新闻播报""@重庆晨报""@现代快报"等媒体微博纷纷以类似的标题发布了微博。

值得注意的是，媒体都将男子称为"幼儿园保安"。从网友评论来看，大部分网友强烈谴责张某猥亵幼童的行为。同时,有部分网友谴责幼儿园和教育局监管不力。另有一些网友指出媒体微博的内容有误,张某只是临时代班,并非幼儿园保安。还有个别了解情况的当地网友反映受害女童家长要求赔偿的情况。

13时整,"@宣克炅"发布对畅想艺术幼稚园保安猥亵女童案件三个疑问:"1.有前科的保安是怎么进入幼儿园工作的?2.园方为何会录用这名男子?3.采取什么措施来重塑家长信心?"

15时12分,"@新闻晨报"发布一条微博"教育局表示:被拘男子非幼儿园保安",对张某的身份进行更正:"该男子并非畅想艺术幼儿园的保安,而是该园一名厨房营养师的老公。因该营养师回老家照顾准备高考的儿子,才让自己丈夫临时顶班。所以,他是'临…时…工'!"15时20分,"@宣克炅"又发布微博"园方:与嫌犯不存在劳动合同关系 但从事幼儿园部分安全管理工作"。

在持续热议案件本身的同时,受害女童家长要求赔偿的问题也引发了网友关注。15时43分,"@宣克炅"发布微博"后续:三名被害人家属提出70万/人的赔偿要求",微博指出:三名女童系园外人员,家属是在幼儿园周边从事豆制品、服装生意的外地来沪人员。家属们提出:园方应赔付每人70万元人民币的经济赔偿。该微博评论451条,转发363次。一些网友对家长们的索赔要求提出了异议。

6月11日22时43分,"@MedusaLeo"指出部分受害女童家长"不肯走法律途径,讹诈70万,要靠女儿翻身。达不到目的天天在园外闹,扔鸡蛋,丢果皮,反锁幼儿园,更是扬言要报复园内幼儿"。该微博被转发273次,网友评论大多认为这种行为不可取,应走法律渠道。6月12日9时5分,"@看看新闻网"引用"@MedusaLeo"的微博爆料,指出:"维护自己权益应走法律途径,这种行为只是无知愚昧的体现。"

6月11日23时43分,上海市教育委员会官方微博"@上海教育"发布《网络上关于畅想艺术幼稚园猥亵女童一事的情况说明》。

6月12日20时59分,"@宣克炅"再次更新事件进展,发布微博"涉事幼儿园梳理员工资质 被害方称索赔70万系'气话'"。一方面,园方加强了员工资质梳理,加强幼儿园安保措施;另一方面,受害女童家长表示"将依法索赔"。

6月20日,"@新华视点""@东广新闻台"发布了"上海:涉嫌猥亵三名女童的幼儿园门卫被依法批准逮捕"的微博。之后,微博上没有出现新的舆情焦点,相关舆情逐渐平息。

三、应对处置

第一,拟定应对口径并对外发布,表明官方态度与处置举措。

市教卫工作党委宣传处获知该信息后立即会同杨浦教育局拟定应对口径,杨浦教育局于2014年6月11日在杨浦教育官方网站发布《网络上关于畅想艺术幼稚园猥亵女童一事的情况说明》。

第二,通过上海市教育委员会官方微博发布应对说明,在微博舆论场发出权威声音。

6月11日23时43分,上海教育官方微博将应对说明转至微博以扩大影响力,避免了媒体和网民的不实猜测。

四、分析点评

近年来,儿童遭遇性侵犯的案件屡有发生,公众对此种罪恶行径充满愤慨。在本次事件中,虽然事后查证张某是临时顶班,并非幼儿园的正式员工,但是幼儿园仍然存在用人失察的问题,教育监管与儿童安全保障等方面存在漏洞。在本次事件中,相关部门发布了《网络上关于畅想艺术幼稚园猥亵女童一事的情况说明》,表明了官方态度和处置举措,被媒体广泛报道,然而在新媒体舆论引导方面,仍有可以改进的空间。

第一,在6月11日当晚发布《网络上关于畅想艺术幼稚园猥亵女童一事的情况说明》进行正面回应,表明了官方态度和处置举措,澄清了关键信息,在第二天被媒体广泛报道,取得了较好的舆论引导效果。

在事件被媒体广泛报道并在微博上引发热烈讨论后,面对舆论对教育主管部门的质疑以及对张某身份的猜疑,市教卫工作党委宣传处会同杨浦教育局拟定应对口径,并于6月11日当晚在杨浦教育官方网站和"@上海教育"发布了《网络上关于畅想艺术幼稚园猥亵女童一事的情况说明》。该《说明》首先确认了张某临时代班的身份与案件进展情况,之后表明了杨浦区教育局"高度重视"的态度,依法依纪对"相关责任人进行处理和追责"的决心,以及"进一步加强监管""从严规范用工"、针对民办教育机构"制定一系列制度性强制规定"的后续举措,态度坚决、内容全面。在12日,《新闻晨报》《东方早报》等平面媒体的报道都在开头部分登载了该《说明》,网络媒体进行了大量转载,《说明》所传达的信息在媒体上取得了良好的传播效果。

第二,应进一步加强舆情监测与快速反应能力,在舆情爆发期通过政务微博等渠道发布权威声音,以及时澄清有误信息,表明官方态度。

在6月11日中午,电视媒体、新浪微博及网络媒体对本事件的相关信息进行了集中报道与传播,起初在一些网络报道与微博中都将张某称作幼儿园"保安",这使公众将指责的矛头更多地指向幼儿园与教育管理部门。在新媒体环境中,热点舆情在一两个小时内就会完成裂变式传播,相关部门应进一步加强舆情监测与快速反应能力,对相关舆情早发现、早回应,通过具有影响力的政务微博发布权威信息,在第一时间澄清有误信息,表明官方态度,以有效引导舆论走向。

第三,相关部门应强化舆情风险意识,通过及时、妥当地解决现实工作中存在的问题,消除舆情隐患。

从6月7日事件发生到6月11日中午舆情爆发,相关部门有数天时间妥善协调受害女童家长的索赔问题,对责任单位进行追责,进而降低舆情风险。然而从实际来看,相关部门对现实问题的处置不够及时、妥当,最终引发了大规模的负面舆情,使自己处于相当被动的位置。在日常工作中,相关部门应强化舆情风险意识,及时查找、解决可能引发舆情风险的现实问题,进而消除舆情隐患。

第四,在舆情爆发期与发展期,应与新媒体意见领袖坦诚沟通,主动提供权威信息,通过意见领袖的影响力扭转舆论态势。

在此次事件中,上海媒体人"@宣克炅"是最重要的意见领袖之一。他是最早爆料的微博"大V",之后亦持续发布数条微博,对公众的关注焦点和舆论走向具有重要影响。相关部门应当积极与"@宣克炅"等意见领袖联系,坦诚沟通,提供第一手真实权威信息,通过意见领袖的声音扭转舆论态势。

上海震旦外国语幼儿园毕业典礼演奏日本军歌事件

一、事件概况

1. 舆情酝酿期

2014年6月27日,上海震旦外国语幼儿园大二班在毕业典礼上表演节目时使用了日本的《军舰进行曲》作为背景音乐。园方称,这是该班班主任在为该班幼儿击鼓表演寻找背景音乐时,用手机在百度音乐上搜索到的。该音乐无歌词和其他文字说明,这位班主任只考虑到乐曲的节奏性,未确认音乐的来源。该表演仅将乐曲作为击鼓的背景音乐,没有表现其他与该音乐相关的内容。

2. 舆情爆发期

2014年9月10日,有网友在新浪微博上爆出"上海用'日本军歌'给孩子们做教学活动"。"@所罗门与大卫"发布了一段孩子用《军舰进行曲》配乐进行表演的视频,并@了"@北京晚报""@参考消息""@京华时报"等媒体的官方微博。新浪微博网民"@子卿先生"等也发布了相似微博。因适逢中日关系敏感期及"九一八事变"纪念日时间节点,该舆情经网络传播后引起较大负面影响。闸北区政府舆情中心监测到该舆情后,迅速上报区领导,并会同区教育局积极研究,制定了一整套应对网络舆论及媒体采访的方案。

3. 舆情发展期

9月11日,人民网以《上海一幼儿园毕业放日本军歌 官方要求严肃处理》为题报道此事,腾讯网、搜狐网等转载了此篇报道。

闸北区教育局核实事件情况后,立即责成上海震旦外国语幼儿园董事会做深刻检查,向社会公开致歉,并对幼儿园园长及相关教师严肃处理。幼儿园董事会对相关责任人做了停职检查的决定。

9月11日21时左右，闸北区教育局官方微博"@闸北教育"先后发布《闸北区教育局关于对民办上海市震旦外国语幼儿园的处理意见》和《上海市震旦外国语幼儿园关于"进行曲事件"的道歉声明》两条微博，回应网民质疑。"@闸北发布"积极转发。相关部门组织网评员进行正面舆论引导。

22时，"@新浪资讯台"发布微博"视频：上海一幼儿园用日本海军军乐做表演"，该条微博有评论333条，转发数达296次。

《道歉声明》发布后，微博转发量和评论数较少，针对该事件的微博舆情进一步扩散。之后，《文汇报》等媒体报道了此事和道歉声明。同时，闸北区委宣传部积极与市委宣传部联系，寻求协助。经过协调，除了《文汇报》等媒体，市大部分主流媒体均未参与报道，避免了舆情升级扩散。

对"@闸北教育"微博的公开回应，沪外媒体纷纷进行报道。

9月12日，长江网—长江时评发表题为"幼儿园播放日本军歌折射了多少隐患？"的评论，引起多家网络媒体转发。新民网《幼儿园毕业典礼放日本军歌教师该停职吗？》一文对官方的处置方案提出质疑。

9月22日，《光明日报》发表评论《反对军国主义，立法盲区如何填补》，引发大量网络媒体转发。

4. 舆情平息期

由于闸北区相关部门应对较为迅速，态度较为诚恳，随着时间推移，舆情逐渐平息。

二、舆情分析

1. 媒体报道分析

上海震旦幼儿园毕业典礼演奏日本军歌事件发生于2014年6月，当时并未引发舆情事件。舆情风险经过一段时间的潜伏，在2014年9月10日新浪微博网民"@所罗门与大卫""@子卿先生"等发布相关微博后，引起诸多网站和部分媒体的关注，影响范围逐渐波及全国。

2014年9月10日至9月25日，媒体报道共计241篇，此次事件网络媒体的报道转载量远远大于平面媒体，网络媒体报道230篇，平面媒体11篇。总体来看，媒体报道有两个峰值。9月12日媒体报道出现一个大高峰，之后便迅速回落，9月22日出现一个小高峰。

从新闻报道量最高的媒体来看，人民网、和讯网、中华网等全国性媒体的报

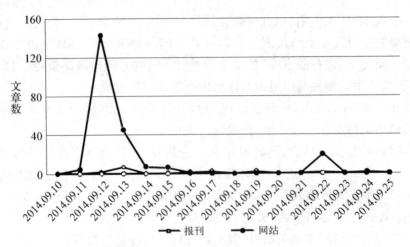

图 18-1　媒体报道趋势（单位：篇）

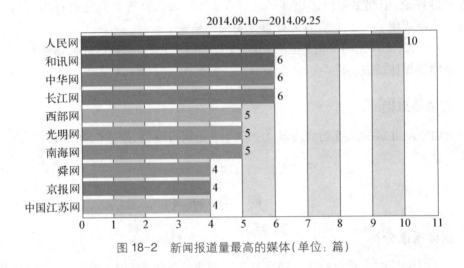

图 18-2　新闻报道量最高的媒体（单位：篇）

道量最高，地方性媒体对此事的报道较少。从地域来看，位于北京的媒体报道量最多（97 篇），占报道总量的 38.49%。上海媒体报道只有 13 篇，排名第五，占比 5.15%。

9月11日，人民网发表了《上海一幼儿园毕业放日本军歌　官方要求严肃处理》的报道，腾讯网、搜狐网等网络媒体在当日进行转载。媒体报道在 9 月 12 日形成高峰，包括中新网、凤凰网在内的多家媒体对人民网 11 日的报道进行大量转载报道。中研网《上海幼儿园毕业典礼放日本军歌　这是要培养孩子军国主义精神吗》的报道指出，日本军国主义伤害了中国人民的感情，作为日本军国

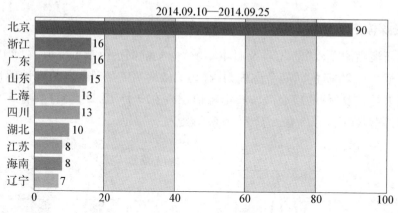

图 18-3 传播量最高的地区分布（单位：篇）

主义的音乐《军舰进行曲》应不适宜再出现在网络上。长江网发表题为"幼儿园播放日本军歌折射了多少隐患？"的评论，认为中国不能包容在本国的土地上高唱日本军歌《军舰进行曲》，更不能包容日本军歌的播放对象是一群心智尚未成熟的孩子。在毕业典礼上播放日本军歌的幼儿园应重罚，切勿将无知变成误导孩子的理由。该评论被和讯网等网络媒体转发。

　　媒体不仅仅对使用日本军歌的行为提出了批评，同时也对官方的处罚决定提出质疑。9月12日，新民网以"【新茶馆】幼儿园毕业典礼放日本军歌　教师该停职吗？"为题进行报道，称不少网友质疑教育局对相关责任人做出的停职检查处理决定。网友认为让教师停职是一种"处罚潜规则"，是急切切割个别教师和学校管理方的责任。该报道认为相比停职检查的老师们，相关的管理部门更该检讨和承担更主要的责任，并拿出点实实在在的行动来。

　　9月13日，《文汇报》以"沪幼园典礼放日军歌　园长停职"为题报道了此事。四川在线-天府评论发文称《军舰进行曲》决不能成为"童言无忌"，认为"因为对战争记忆的模糊，才使得《军舰进行曲》成了某种童言无忌"，进一步加强爱国主义教育是肯定要提到的大方向，对于学校在规范使用类音像制品的点明则成了更为实质性的动作。四川在线另一篇评论《日本军歌飘荡校园该反思的是"幼教准入"》认为此事件该反思的是"幼教准入"的标准。

　　9月22日媒体报道形成一个小高峰，原因在于《光明日报》发表文章《反对军国主义，立法盲区如何填补》，引发大量网络媒体转发。报道称"我国现有的法律法规，对于不得使用军国主义的标志、服饰，不得宣扬、传播军国主义，只有一些间接条款"，反军国主义立法存在空白。

2. 社交媒体舆情分析

在新浪微博上以"幼儿园 & 日本军歌"为关键词进行数据抓取,在2014年9月8日至9月25日的时间范围内,共有相关微博703条。从新浪微博舆情发展趋势图来看,该事件的新浪微博舆情峰值出现在9月12日,当日共有578条相关微博,微博评论9 428条,总转发6 652次。

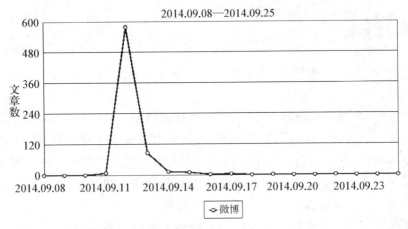

图18-4　新浪微博舆情发展趋势(单位:条)

自2014年9月10日新浪微博网民"@所罗门与大卫"的微博引爆舆论后,该事件中转发量最高的一条微博是有9万多粉丝的"@全球评点"发布的,该微博称"上海用日本军歌给孩子们做教学活动,上海教委想干什么?",该微博转发数达1 188次,评论数达354条。

9月11日21时7分,"@闸北教育"微博发布《上海市震旦外国语幼儿园关于"进行曲事件"的道歉声明》,声明称使用《军舰进行曲》的原因是该班班主任在网络上寻找背景音乐,未能识别音乐内容和来源,是幼儿园把关不严、政治嗅觉不灵造成的。园长对此事公开道歉。截至2015年6月20日,这条道歉声明微博转发量为53次,评论数为73条,影响力比较小。从评论来看,网友的意见呈现一边倒的局面,认为"音乐无国界",老师因为"无知"而有"小过",被停职的处罚依据不够。"相信这个幼儿园不是故意为之,希望社会各界能够引以为戒。"

该事件相关微博中评论数较多的是9月12日9时44分,新浪上海新闻频道官方微博"@上海新闻播报"发布的微博:"【视频:上海一#幼儿园放日本军歌#】9月10日,网友上传了一段上海市震旦外国语幼儿园的表演视频,大二班小朋友们进行军乐表演,所奏乐曲是日本的《军舰进行曲》。《军舰进行曲》是一首吹嘘日本海军'无坚不摧'的军歌,是旧日本海军以及现在的日本海上自卫队的官方进行曲。"并附有"上海一幼儿园使用日本海军军乐做表演"视频。该微博有755次转发,2 172条评论。从转发和评论的情况来看,网民的意见存在分化:一种观点认为,拿音乐无国界当幌子,淡忘了日本军国主义给中国带来的历史伤痛;另一种观点认为,不知者无罪,网民和闸北教育局的处理小题大做,使用《军舰进行曲》是老师无知而不是有意。

总体来看,此次事件微博舆情呈现出急升急降的态势,网民的意见呈现两极分化,一是认为幼儿园放日本军歌伤害了中国人民的感情,应该严惩;二是认为幼儿园放日本军歌老师也是无心之过,指出错误就好,停职处罚依据不够。

三、应对处置

第一,及时监测舆情,迅速上报制定应对方案。

闸北区舆情中心第一时间监测到该舆情后,迅速上报区领导,并会同区教育局积极研究,制定了一整套应对网络舆论及媒体采访的方案。

第二,利用官方微博发布处理意见和道歉声明,公开回应网民质疑。

2014年9月11日21时左右,闸北区教育局官方微博"@闸北教育"先后发布了《闸北区教育局关于对民办上海市震旦外国语幼儿园的处理意见》和《上海市震旦外国语幼儿园关于"进行曲事件"的道歉声明》两条微博,通过公开表态回应网民质疑。"@闸北发布"积极转发,进行正面舆论引导。

四、分析点评

2014年9月中旬适逢中日关系敏感期及"九一八事变"纪念日时间节点,幼儿园毕业典礼演奏日本军歌的视频经微博发布至网络,极易触发舆情风险。闸北区教育局反应较为迅速,但在具体应对中仍存在改进空间。

第一,舆情监测及时,反应迅速。

在新媒体环境下,突发事件经由网络"大V"的转发,很容易在极短的时间内掀起舆论高潮,闸北区舆情中心在第一时间检测到该舆情后,迅速上报并会同教育局积极制定应对方案,在舆情应对中掌握了一定的主动权。闸北区教育局在核实情况后立即做出处理,并迅速在官微"@闸北教育"微博发布处理意见和致歉声明,回应网友质疑,工作较为高效。

第二,对当事人予以免职等处理意见,应当有理有据、合情合理,使公众感到信服。

事件发生后,闸北区教育局立即责成上海震旦外国语幼儿园董事会作出深刻检查,向社会公开致歉,并对幼儿园园长及相关教师做出严肃处理。幼儿园董事会对相关责任人做出停职检查的决定。但是一些媒体和网民认为对相关责任教师予以停职处罚并没有相关依据。在处理类似事件时,相关部门要拿出更加负责、坦诚的态度,对事件进行客观分析,同时要依据规定有理有据地进行处置,这样才是对政府部门、当事人和公众负责任的表现,也才能够获得公众的谅解。

1

重大事故类

2015年

"12·31"外滩踩踏事件

一、事件介绍

2014年12月31日23时35分,上海市黄浦区外滩陈毅广场发生群众拥挤踩踏事件,致36人死亡、49人受伤。事件发生后,习近平总书记、李克强总理等中央领导同志分别作出重要批示,上海市连夜成立工作组进行事故处置。媒体纷纷报道此事,民众在微博微信上展开热烈讨论,形成舆论高潮。

2015年1月3日,新浪微博账号"@上海发布"公布全部36位遇难者名单。同日,澎湃新闻报道,此事件发生后,上海各区县已紧急启动应急响应机制,全面开展安全隐患排查,一批正在开展或即将举办的大型活动被紧急叫停。1月6日,遇难者"头七"引发一个舆论小高潮,各界民众对遇难者进行哀悼。1月21日,上海市公布《"12·31"外滩拥挤踩踏事件调查报告》,认定这是一起对群众性活动预防准备不足、现场管理不力、应对处置不当而引发的拥挤踩踏并造成重大伤亡和严重后果的公共安全责任事件,黄浦区区委书记等11名相关责任人被处理。

二、舆情发展情况分析

表19 "12·31"外滩踩踏事件舆情时间轴

媒体报道及公众舆论反应	政府应对举措
2014年12月31日	
舆情酝酿期:2014年12月31日23时35分,上海市黄浦区外滩陈毅广场发生群众拥挤踩踏事件,致36人死亡、49人受伤。	
	事件发生后,上海市连夜成立工作组。

(续表)

媒体报道及公众舆论反应	政府应对举措
2015年1月1日	
舆情爆发期：2015年1月1日凌晨，网易新闻发布新闻《上海外滩跨年夜踩踏事故致35人死43伤》。截至2015年1月1日6时30分，针对此事件的相关网络报道有400余篇。覆盖所有重要网站。凤凰网发布视频报道《伤者讲述踩踏事故：跨年倒数前有人倒下》。新浪网、凤凰网图片频道发布了事故图集。	踩踏事件发生后，上海市网信办第一时间向中央网信办报告并请求舆情管控支持。
舆情发展期：2015年1月1日，境外反华网站发布了一些针对上海市主要领导人的不当信息。	
	市网信办及时监控网上信息，对部分煽动性、行动性信息及时删除。管好新闻跟评，并组织网站、新媒体平台推送悼念诗歌。
2015年1月2日	
媒体针对事件的后续处置发布了一些报道。财新网1月2日发布的《特写：那些在外滩倒下的生命》称，事发八个小时后的陈毅广场，环卫工人快速撤走市民致以哀思的鲜花。《记者手记：抢救室外的无望守候》对遇难者家属在医院中的绝望进行了详述。	按照市委宣传部统一部署，市网信办多措并举，持续做好此事件的网上舆情处置工作：持续做好舆论引导；严密查删不当报道和言论。
人民网1月2日发表时评文章称，如实公布遇难者名单，是终结猜疑的最佳选择，是对逝者最后的尊重。	"@上海发布"发布第一批初步核实的32名遇难者名单。
	市网信办协调北京、广东删除负面信息。通知观察网删除《盘点那些发生在节日的不幸 93年香港跨年踩踏致21死》一文，清理有关踩踏事件的负面跟评。
2015年1月5日	
微信公众号"青创联-希望平台"1月5日刊文《上海外滩踩踏事件，怎么赔？》，文章除关注保险公司赔付外，还提问"这次相关区域政府部门买了'社区综合保险'，所起的作用就是在万一发生事故的时候，能转嫁一定的损失风险。但是，政府部门是不是就不用承担经济赔偿？"	

（续表）

媒体报道及公众舆论反应	政府应对举措
	市网信办请广东协助对腾讯微博"外滩那一晚"封号，并对转发进行删除；请北京协助删除新浪微博上"@闾丘露薇"转发的"外滩那一晚"长微博；将"@直播上海""@直播君"微博账号链接发给北京，请北京协助对该账号禁言一周。
中华网刊发图文报道《上海外滩踩踏事件"头七"现场举行悼念活动》，配图民众祭奠情况；网易新闻客户端刊发图文报道《外滩踩踏事件第七日现场举行悼念活动》，显示大批民众前往事发地进行哀悼。新华网、人民网、光明网、凤凰网、西部网等纷纷予以转发。	
2015年1月6日	
	黄浦区区委书记周伟1月6日在全市加强安全工作会议上表态，"作为事发地的区委、区政府，我们要承担起责任"。
2015年1月7日	
	1月7日，韩正书记在市委、市政府召开的安全工作会议上发表讲话表示，上海市委、市政府深感痛心、深感内疚，痛定思痛，要深刻吸取教训，尽心尽力做好善后各方面工作。
2015年1月12日	
财新网于1月12日刊发财新《新世纪》周刊2015年第2期封面报道《谁为上海踩踏事件负责》称，事发当晚，部分黄浦区领导在高级日料餐厅"空蝉"用餐。	
	黄浦区政府新闻办表示，已关注到媒体报道。韩正讲话表示严查"四风"问题。市纪委对此高度重视，表示已在调查核实，有关情况将及时发布。

"12·31"外滩踩踏事件

(续表)

媒体报道及公众舆论反应	政府应对举措
2015年1月21日	
	1月21日市委宣传部、市委网信办事前策划稿件,人民日报客户端11时4分推送《五问外滩踩踏事件谁之过》,对群众关心的主要问题——作出解答,减少疑惑和群众的敌对心理。
	市纪委官网11时48分发布《外滩拥挤踩踏事件调查报告》,11时54分发布《外滩拥挤踩踏事件责任人处理决定公布》,12时发布《市纪委通报对黄浦区部分干部违反中央八项规定精神问题的处理情况》。
	上海举行党政负责干部会议,通报外滩拥挤踩踏事件调查报告。会上,市委书记韩正强调,人民的生命安全高于一切,各种安全责任问题都必须认真查处。
1月21日,相关调查报告和处理报告发布后,媒体报道主要聚焦外滩事件调查报告、官员处理情况,对事件进行反思,要求加强城市管理等。	
舆情平息期:随着踩踏事件、官员吃喝事件处理结果公布,公众舆论逐渐平息。	

三、媒体及公众舆论主要观点

1. 媒体报道主要观点

(1)在事件爆发的初始阶段,《新华每日电讯》1月2日刊发评论文章援引专家观点称,此次事件的发生不是政府管理能力的问题,根本原因是政府麻痹大意。

(2)人民网1月2日发表时评文章称,如实公布遇难者名单,是终结猜疑的最佳选择,是对逝者最后的尊重。

(3)针对上海在事故发生后取消了许多大型活动,媒体质疑政府的这一应对措施是否因噎废食。例如,央视新闻频道《新闻1+1》栏目1月13日播发《夜间大型活动管控：叫停不会进步！》，主持人白岩松表示，发生事故不能简单叫停大型活动，这样只能让我们退步。

（4）事故发生后5天以内，媒体的报道主要集中在问责和反思。例如新华网刊文《上海外滩踩踏事件让中国反思安全教育缺失》，指出事件的安全管理之责诚然需要追究，安全教育的缺失同样值得人们反思。

（5）事件过去几日后，人们开始关注赔偿问题，例如微信公众号"青创联-希望平台"1月5日刊文《上海外滩踩踏事件，怎么赔？》，文章除关注保险公司赔付外，还关注政府的经济赔偿问题。

（6）事故发生后期的一则爆料引发次生舆情。《新京报》1月13日就黄浦区领导在事故发生当天在高档餐厅用餐这一细节刊发评论文章《被舆论偶然聚焦的"领导吃大餐"》称，在"八项规定"厉行的当下，涉事领导却聚在一块吃大餐，难免引人猜疑。

（7）舆论浪潮后期，媒体报道主要聚焦外滩事件调查报告、官员处理情况，对事件进行反思，要求加强城市管理等，如1月22日《人民日报》的文章《上海问责警示"守土有责"》、《央视新闻1+1》的《上海外滩踩踏事件问责与反思：城市软件还有多少缺陷》。

（8）1月13日央视主持人白岩松在《新闻周刊》节目中对上海市取消大型活动发表质疑态度后，网民对此表示赞同，不能因为发生事故而因噎废食，出了事故说明管理引导上存在某些纰漏，但不是活动本身的问题，不少网民认为政府懒政思维、相关部门矫枉过正。

（9）境外媒体高度关注此次事件，多维、博讯、德国之声、BBC中文网、美国之音等主流媒体多数报道援引自国内媒体。主要内容有：第一，问责政府管理，如法国国际广播电台刊文称，没有管控好人潮，是造成意外的主要原因。第二，关注善后安置。德国之声援引美联社报道称，上海跨年夜踩踏事件的遇难者家属希望政府官员能直接和他们对话。悼念中的遇难者家属和亲友向美联社表示，政府的失职在悲剧发生后仍然继续。他们对援救工作的进展一无所知。第三，揣测官场人事。《苹果日报》发表评论称，上海的一些官员非常冷漠，有黄浦区官员在微信就惨剧发表感想，感叹的首先是过去一年的努力白忙了。

2. 公众舆论主要观点

（1）网民"汪忧草"刊文称，这么多人涌向外滩，并发生踩踏事件，其实也说明上海警方工作并不到位，既未能控制住人流，也没有做好充分预案。

（2）微信公众号"复旦易班"1月2日刊文质疑踩踏事件报道"碾压了逝者

的尊严和隐私权","更是将她亲人的伤疤血淋淋地揭露在了众人的面前"。文章呼吁媒体尊重生命的权利。

(3)"@墩墩智囊"(宁波市北仑网络文化协会理事)1月2日发微博称:"每逢此类事件发生,总有那么几类人在舆论中显得特别'活跃':1.啃食'人血馒头'的营销党;2.'唯恐天下不乱'的谣言党,肆意捏造情节,刻意歪曲真相;3.'毫无底线'的眼球党;4.'义愤填膺'的人肉党;5.'居心叵测'的攻击党。"批评这些人的存在。

(4)教育部前发言人王旭明的新浪认证微博1月7日继续发文对上海进行质问:"等到现在,我们还是没有等到上海领导就踩踏事件给公众一个道歉、谢罪。"此前他也曾几次发微博对上海在此事件中的危机应对速度和方式表示不满。

(5)新浪微博认证账号"@孙茂松"称,虽然被舆论偶然聚焦的"领导吃大餐"和踩踏发生不一定有直接必然关系,但偶然中有必然。

四、舆情应对点评

第一,主动通过权威主流媒体设置议程,回应公众关切,取得了较好的传播效果。

1月21日11时《人民日报》客户端推送《五问外滩踩踏事件谁之过》和《政府责任不能因群众自发豁免》。《人民日报》具有极强的权威性和影响力,相关文章被大部分商业网站在首页转发。

通过《人民日报》这一权威媒体主动引导,《人民日报》客户端《五问上海外滩踩踏事件》就联合调查组对外滩事件给出的"说法"解读了"问责是否到位"等问题。通过媒体的发问与"质疑"发出官方声音,回应公众的关切,更容易被公众接受,最终取得了较好的传播效果。

第二,事故发生后相关部门紧急叫停了一些大型活动,但没有做好配套解释工作,引发了一些质疑。对一些应急举措,应通过多种媒介渠道加强解释宣传,获取公众的理解与支持。

踩踏事件发生后,上海经过评估紧急取消或暂停了若干人流密集的公共活动,包括已举行了20年的豫园灯会等,不少上海市民对此十分不满,质疑政府的举措因噎废食。虽然上海市旅游局作出回应:新春安排的29项活动只取消了5项,24项仍然继续举办,但传播渠道不够丰富,传播内容说服力欠佳,未有效减少公众的揣测和质疑。

第三,"官员吃喝门"引发次生舆情危机,由于相关部门回应不够及时造成负面舆情不断发酵。对此类问题应及时回应,果断切割,避免舆情态势不断恶化。

"官员吃喝门"爆发之后,由于回应不够及时,网民质疑纪委"官官相护",并把"吃喝门"和踩踏事件联系起来,揣测官场人事。直到1月14日上海市纪委市监察局新闻发言人接受新华社上海分社记者采访时表示,已经注意到"吃喝门"问题的相关报道,并表示正在调查,会及时作出回应。在面对此类问题时,应在第一时间着手调查、果断切割、及时回应,避免次生舆情危机持续发酵,使舆情态势雪上加霜。

第四,通过多种媒介渠道在短时间内集中发布对踩踏事件、官员吃喝事件的调查报告和对相关干部的处理决定,打出一套组合拳,显示出上海市政府处置踩踏事件的缜密筹划、坚定决心和强大力度,取得了较好的传播效果。

1月21日10时,上海市纪委刊发《市纪委通报黄浦区部分干部违反中央八项规定精神的情况》,并在"@廉洁上海"官微同步转载。至11时,相关报道便累计传播700余篇次。微博相关贴文累计转发3 700余次,评论2 400余条。

紧接着,《人民日报》客户端于10时48分推送《外滩踩踏事件调查结论公布》,"@上海发布"11时15分开始图文微直播"外滩拥挤踩踏事件调查报告发布会",引发全网聚焦。

在公众注意力聚焦的最高峰,上海市相关部门抓住重要时间节点,发布市委市政府最高领导对此事件的处置意见和态度,以及市纪委对黄浦区涉事干部的处理决定,将上海市委市政府绝不姑息的处置态度和坚决有力的处置举措最大限度地向公众进行传播,取得了较好的正面传播效果。11时57分,新民网刊发报道称,今天上午(1月21日),上海举行党政负责干部会议,通报"12·31"外滩拥挤踩踏事件调查报告和黄浦区部分领导干部违反中央八项规定的调查结果。市委书记韩正强调,人民的生命安全高于一切,各种安全责任问题都必须认真查处。12时,上海市纪委发布《市纪委通报对黄浦区部分干部违反中央八项规定精神问题的处理情况》。

上海市相关部门对此次踩踏事件调查和处置情况的通报经过了精心筹划和缜密布置,契合新媒体环境下公共舆论场的传播规律,通过一套密集、有力的组合拳,在负面事件中重塑了上海市委市政府的形象,是政府公共传播中的一个典型案例。

"东方之星"沉船事件

一、事件介绍

2015年6月1日21时30分,由上海协和旅行社组织的406人旅行团在由南京搭乘"东方之星"客轮前往重庆途中,在长江湖北石首监利段突遇龙卷风倾覆,在长江中游湖北监利水域沉没。客轮上共有454人,截至6月13日搜救工作结束,12人生还,442人遇难。

事发后,在市委书记韩正的指示下,市政府成立了专门工作组,赶赴事发现场做好善后事宜。在灾难性质、后续救援、事件原因分析等事件相关信息成为社会热议焦点的同时,有关上海旅行社的资质、此次出游的项目、旅行社的善后处理等问题也成为舆论热点。6月3日,有媒体发文质疑上海政府部门回应乘客家属关切不力,加上外媒热炒沉船上海乘客家属"遭拖拽"、游客家属质疑赔偿标准,关于沉船事件的负面舆情达到峰值。随着上海前方工作组对家属的安抚和善后的妥善处置,11日后,涉沪话题讨论逐渐减少,网民评论多落脚于"东方之星"沉船事件的其他问题,有关上海的舆情逐渐回落。

二、舆情发展情况分析

表20 "东方之星"沉船事件舆情时间轴

媒体报道及公众舆论反应	政府应对举措
2015年6月1日	
舆情酝酿期:2015年6月1日夜,一艘载有400多人的客轮突遇龙卷风,在长江湖北石首段倾覆,船上454人全部落水。	

（续表）

媒体报道及公众舆论反应	政府应对举措
2015年6月2日	
舆情爆发期：6月2日5时36分，中国新闻网报道，6月1日夜，原定由南京驶往重庆的"东方之星"号（隶属重庆东方轮船公司）客轮在湖北监利大马洲水域突遇龙卷风翻沉。因船舶呈倒扣状，在一两分钟内迅速沉没，船上共计450余人全部落水。	
	6月2日9时43分，"@上海发布"发布微博称，市委书记韩正闻讯后，立即要求市政府迅速组织专门工作组赶赴现场。
舆情发展期：6月2日10时，《环球时报》报道，组织出行的上海协和国际旅行社大门紧闭，门上告示告知其负责人已赶赴事故现场。	6月2日下午，上海协和国际旅行社在其办公大厦5楼设置家属接待室，处理善后事宜。
	6月2日下午，赵雯副市长率专门工作组赶赴事发现场，并在机场召开现场会，布置善后事宜。
17时13分，台湾"@东森新闻"发布微博"翻覆在长江'东方之星'号上，有许多来自上海的退休老人团。焦急的家属纷纷赶到闸北区政府打听最新的消息；但是由于得不到官方的响应，激动的群众，竟然把区政府的紧锁的大门都推倒了"。	
22时25分，新民网发布新闻《"东方之星"客船翻沉事件最新通报》称，2日下午，赵雯副市长率工作组抵达事发现场，并与现场指挥部对接工作。	
2015年6月3日	
6月3日，《中国青年报》发文质疑上海政府部门回应乘客家属关切不力。报道称："大家眼见找旅行社无望，就决定到市政府打听一下消息。但很快，他们不得不从市政府再次回到旅行社，'市政府的门卫让我们去找闸北区政府，回闸北去问'。"	
	6月3日下午，市委副书记、市长杨雄主持召开专题会议，研究部署相关工作。

(续表)

媒体报道及公众舆论反应	政府应对举措
2015年6月4日	
	6月4日,上海专门工作小组妥善安置了先期到达出事地的上海游客家属,工作组到居住点了解情况,做好抚慰工作。上海游客所在区都已成立工作机构,安排工作人员上门与游客亲属沟通情况。
6月4日,英国《金融时报》的报道称,"在上海,乘客家属周二在亲人预订旅程的旅行社不远处围住一个政府部门,当时出现了一些混乱场面"。	
2015年6月5日	
	6月5日下午,协和旅行社总经理陶非接受媒体采访,对沉船事件中涉及旅行社的几个关键问题作了解答。
	6月5日下午,赵雯副市长代表市政府看望了部分上海遇难家属及幸存者,表达哀思与慰问。
6月5日19时,中新网报道,上海协和旅行社5日在沉船事发地湖北监利县召开首次新闻发布会。该旅行社法人、总经理陶非在被问及遇难游客具体赔偿金时表示,"如此大的灾难面前,旅行社的力量太有限,相信政府的决策"。	
2015年6月6日	
6月6日《文汇报》报道:5日下午,上海市副市长赵雯代表市政府看望了部分上海遇难者家属及幸存者,表达哀思与慰问。报道传播约20篇次。	
	6月6日,上海从龙华、宝兴和益善三家殡仪馆紧急选调14名殡葬服务专业人员,抵达湖北开展工作。上海前方工作组把遇难者的善后和游客家属的安抚作为工作重点。

(续表)

媒体报道及公众舆论反应	政府应对举措
2015年6月7日	
6月7日,新民网、新华网、中新网、中国网等中央媒体和新浪、腾讯、搜狐、网易、凤凰等商业媒体纷纷在首页要闻区报道关于祭奠的新闻,表达哀思。	
	6月7日是沉船事件的"头七",悼念遇难者、表达哀思成为网上的主流声音。市委宣传部领导亲自确定的"江流不息、思念永存"成为网民表达哀思的流行语。
2015年6月8日	
6月8日,新浪新闻综合报道称,随着大规模搜救的结束,长江翻船事件将转入善后处理和原因调查阶段。报道发出"翻船事件将如何纪念？调查报告多久能出炉？遇难者家属又将如何获得赔偿？"等追问。	
舆情平息期：随着打捞工作的结束和DNA比对工作的完成,涉沪的舆情逐渐回落平息。舆论焦点主要围绕在赔偿和追责等方面。	

三、媒体及公众舆论主要观点

1. 媒体报道主要观点

（1）在事件爆发的初始阶段,《中青在线》《环球时报》等媒体对上海协和国际旅行社的资质、旅行社的善后处理等问题提出质疑。《中青在线》同时称《新民晚报》之前曾曝光,2014年7月上海协和旅行社因旅游大巴发生车祸致乘客受伤,却拒不支付医疗费。《环球时报》报道,组织出行的上海协和国际旅行社大门紧闭,门上告示告知其负责人已赶赴事故现场。

（2）6月3日,《中国青年报》发文质疑上海政府部门对乘客家属的回应和关切不力。报道称:"大家眼见找旅行社无望,就决定到市政府打听一下消息。但很快,他们不得不从市政府再次回到旅行社,'市政府的门卫让我们去找闸北区政府,回闸北去问'。"

（3）《文汇报》、新华网上海、《解放日报》等本地媒体报道了上海妥善安置赶赴前方的游客家属的情况。新华网上海5日报道："东方之星"客船翻沉事件发生后，上海市政府工作组迅速赶赴现场。《文汇报》6日报道：5日下午，上海市副市长赵雯代表市政府看望了部分上海遇难者家属及幸存者，表达哀思与慰问。

（4）一些外媒，如路透社、BBC、《金融时报》、《赫芬顿邮报》等均以较大篇幅报道了上海、南京等地乘客家属因不能及时得到相关信息，怒气转向政府的情况。中国台湾东森新闻台、日本电视台相关新闻报道了上海乘客家属在政府门前抗议的消息。以"沉船"为关键词搜索，截至6月4日6时30分，24小时内新增相关新闻传播6600余篇次，相关微博累计转发超过74万次，评论19万余条。

2. 公众舆论主要观点

（1）在微博平台上，"@东森新闻"等同情遇难者家属，指责政府部门处置不善，指责警方粗暴对待家属。"@东森新闻"贴发台湾东森电视台报道的截图和视频，显示上海警方强制驱离沉船事件的家属，称双方在街头拉扯，爆发一波又一波的冲突，有家属瘫软在地上表达无声的抗议。新浪微博"大V""@直播上海"转发乘客家属倒地图片，并讽刺称"沉船遇难家属情绪失控，在民警的'搀扶下'，不慎跌倒"。"@西猫哈刚"批评警察推拉乘客家属微博被转发282次，评论56条；"@LA打字机"转发的秒拍视频被转载237次，评论62条。

（2）部分网民联系上海外滩踩踏事件善后工作存在的问题，批评警方在此次沉船事件中选择性执法，区别对待上海人与外地人，上海人遭遇了不公。例如新浪微博账号"@華朱咖古啡力夫"发文称："外滩踩踏之后，从某地赶来撒泼敲竹杠堵路的建设者家属被温柔对待，安排住宿积极赔偿（犹如招待娘家人）；今日上海受灾游客家属问问自己家人安危被当皮球一样踢，连哪怕一口茶水都没有（上海市民是仇人？）。"

（3）有部分网民抱怨政府对家属回应不力、不负责任，称："上海家属去哪里询问？政府哪个窗口接待？热线电话或地址，你什么都没有发布，是政府根本没有对策还是你失职漏发？"

（4）有部分网民抱怨政府应急处理不力，认为上海派出救援队伍过慢。网民称："现在去，过了黄金救援期了吧。这时候去，和派个捞尸队去有啥区别呢？"

（5）6月7日是沉船事件的"头七"，悼念遇难者、表达哀思成为网上的主流声音。上海市委宣传部领导亲自确定的"江流不息、思念永存"成为网民表达哀思的流行语。

四、舆情应对分析

在此次沉船事件中,我们看到上海市政府反应迅速,第一时间采取积极有效的处置措施。在信息传播中,相关部门能够有效利用新媒体及时快速发布最新信息,降低负面舆论的影响,把握舆论主导权。总体上来看,塑造了一个负责、高效的政府形象。但是,在事件发生之初,政府对游客家属的回应与关切不够细致,未从根源上消除舆情风险。同时,在对突发负面信息的控制和处置方面亦有待进一步提高。

第一,政府部门第一时间迅速反应,市委书记韩正亲自部署组织专门工作小组赶赴事发现场,展现出上海市委市政府负责任的态度和高效的工作效率。

在此次沉船事件爆发之后,在短短几个小时内,市委书记韩正要求市政府迅速组织专门工作组赶赴现场。6月2日下午,赵雯副市长率专门工作组赶赴事发现场,充分显示出上海市委市政府对此次危机事件的高度重视。在此次事件的初始应对中,相关部门无论在反应速度还是处置力度上都值得肯定。

第二,积极通过主流媒体发声,同时协调各类新媒体,实现新老媒体平台全覆盖,及时通报实际处置措施等相关信息,掌握舆论主动权。

事件发生后,一方面,相关部门通过《文汇报》《解放日报》等传统主流媒体发布政府的最新行动和举措。例如《文汇报》6月6日报道:5日下午,上海市副市长赵雯代表市政府看望了部分上海遇难者家属及幸存者,表达哀思与慰问。报道传播约20篇次。

另一方面,相关部门引导"上海发布"微信公众号,以及上海部分民间微博、微信,引用、转发传统媒体的新闻报道,与传统媒体上的主流信息形成呼应,共同形成"上海声音"。

第三,在事件发展过程中,相关部门的善后处置工作不够到位,未能从现实根源上消除舆情风险,致使后续出现一些负面舆情。

善后工作滞后导致相关负面舆情持续发酵,市政府工作陷于被动状态。建议针对突发公共事件成立专门的危机管理小组,建立专门的信息发布平台,一方面统筹处置后续工作;另一方面通过专门的信息发布平台就此事件与公众进行实时沟通,并即时向各大媒体和社交平台释放权威的政府应对举措信息。此次沉船事件中,虽然在初期政府反应迅速,但在后续处置中由于不够细致、到位,引发媒体和公众质疑。例如6月3日,《中国青年报》发文质疑上海政府部门回应乘客家属关切不力。一些外媒报道了游客家属遭粗暴对待等负面信息。还有网民批评迟迟不见处置方案,家属求助无门,未得到妥善安置。针对此次事件中暴露出的此类问题,建议建立专门的危机公关处理小组,统筹各方面工作,从根源上消除舆情风险。

从舆情应对的角度来说,种种质疑不仅仅源于现实工作的不足,与媒体和公众的直接沟通不够也是一个重要原因。在西方一些发达国家,在发生公共危机后,政府会在社交媒体或论坛上建立专门的信息发布与即时沟通平台,收集各方面的意见,发布最新的事件进展与官方举措。专门的危机信息发布与沟通平台相对于"@上海发布"等综合性平台,信息更加集中、纯粹。对事件的直接关联人来说,能够更直接地找到自己需要的信息。对政府来说,能够真正聚集目标群体,收集他们的意见,向他们发布权威信息,减少谣言滋生空间。对媒体来说,此平台最为权威,信息获取也更加便捷,有利于第一时间进行报道。

在今后,相关部门可考虑借鉴此模式应对公共突发事件。

2

质量安全类

长宁龙之梦商场自动扶梯伤人事件

一、事件介绍

2015年8月1日22时24分,保洁工张某(35岁)在长宁区龙之梦购物中心清洁自动扶梯时,清洁用具受力后毛边夹入梯阶缝隙中,造成上端梳齿板破裂,使其左脚被梯级夹住。被夹后,扶梯立即启动自动保护模式,停止运行。保洁工立即被送往上海市第六人民医院治疗,因伤势较重,医院已对其做截肢处理。

经长宁区市场监管局初步调查认为,该保洁工因未按照上海三菱电梯有限公司提供给使用单位《自动扶梯安装维修保养说明书》要求的"应绝对避免一边运转自动扶梯一边擦拭清洁"的规定停梯清洁,以致造成伤害。经查,该自动扶梯2015年6月进行年检,有效期至2016年6月,使用管理单位为上海龙之梦购物中心管理有限公司,维保单位为上海安莱杰电梯有限公司。长宁区市场监管局已成立事故调查组,并查封涉事自动扶梯。

二、舆情发展情况分析

表21 长宁龙之梦商场自动扶梯伤人事件舆情时间轴

媒体报道及公众舆论反应	政府应对举措
2015年8月1日	
舆情酝酿期:8月1日晚,长宁区中山公园龙之梦商场内发生惊魂一幕,一名35岁的商场保洁工被B2至B1层的自动扶梯夹住腿部。幸亏电梯随后停止了运行,但其左小腿仍被死死夹住,后被送医急救,因伤势过重已做截肢处理。	

(续表)

媒体报道及公众舆论反应	政府应对举措
舆情爆发期：8月1日23时28分，微博网友"@Makiyo楼沁"发微博称："临近营业结束的时候，上海中山公园龙之梦的电梯也绞人了，一个男的双脚被夹在手扶梯里，幸好及时按了按钮，但还是被夹住了，大叫要死掉了，保安还不让拍照，想想就可怕，手扶梯到底还安全吗?"	
2015年8月2日	
舆情发展期：新民网8月2日报道：昨夜，长宁区中山公园龙之梦商场内发生惊魂一幕，一名35岁的商场保洁工被B2至B1层的自动扶梯夹住腿部。幸亏电梯随后停止了运行，但其左小腿仍被死死夹住，后被送医急救，因伤势过重已做截肢处理。	
	获悉相关情况后，长宁区市场监管局于2日抵达现场开展调查，成立事故调查组，并查封了涉事自动扶梯。
8月2日，在新浪微博上，"@新闻晨报""@东方网""@新浪上海""@宣克炅"都报道了此事。 东方网报道：该电梯2015年6月进行年检，有效期至2016年6月，日常维修保养记录完整。事发后，警方与技监部门现场踏勘并阅录像取证，初步调查完毕。 《解放日报》报道：上海龙之梦电梯夹人事故监控视频曝光。商场方面声明：被扶梯夹伤的保洁员违规操作。《解放日报》记者陈玺撼今日获取了事故监控视频。	
	市质监局于8月2日组织电梯技术专家配合事故调查组对涉事自动扶梯进行勘查和测试。
	"@长宁市场监管"8月2日15时18分发表长微博，公布关于中山公园龙之梦商场电梯夹人事故的初步调查情况。"@上海长宁"随即转发。

(续表)

媒体报道及公众舆论反应	政府应对举措
	"@上海质监发布"官方微博微信平台同时于8月2日16时20分发布信息:"#回应关切#市质监局高度关注昨晚长宁龙之梦发生的自动扶梯事件,目前长宁区市场监管局已派员调查,市质监局也已要求技术机构派出技术专家协助工作,现场分析是因清洁工在该自动扶梯运行状态下使用拖把进行清洁引发。进一步的信息将及时向社会公布。"
8月2日晚,东方卫视、上海电视台新闻频道、东广新闻台都对此事以"上海龙之梦保洁员被扶梯夹住截肢 疑因违规操作引发"等为题进行了报道。	
	长宁区政府召开专题会议,要求部署落实对辖区内包括中山公园龙之梦在内的所有自动扶梯进行紧急普查,以免类似事故再次发生。
2015年8月3—4日	
8月3—4日,东方卫视、上海电视台新闻频道、东广新闻台、《劳动报》等都以"龙之梦:电梯夹人酿惨祸 保洁工小腿截肢"等为题进行了后续报道。《新闻晨报》8月4日发表报道《自动扶梯运行时清洁梯级普遍 新保洁员多不知要关停》。	
2015年8月27日	
	8月27日,市质监局在例行新闻通气会上对龙之梦扶梯伤人事故等近期几起电梯事件调查情况进行集中通报,并公布全市电梯大排查情况。
2015年8月28日	
东方网8月28日报道:长宁区市场监管局会同市质监局专家对事故现场进行勘察,初步调查结果显示:龙之梦商场自动扶梯运行正常,清洁工未按电梯使用说明书中的规范进行清洁导致了事故的发生。东方卫视、上海电视台新闻频道、东广新闻台等多家媒体进行报道。	
舆情平息期:随着事故原因的明确以及全市电梯排查工作的开展,舆情逐渐平息。	

三、媒体及公众舆论主要观点

1. 媒体报道主要观点

（1）事故发生的初始阶段，媒体的报道多表示震惊，并对事态的严重性进行了描述。东方网报道：出事时商场已结束营业，保洁工正在清洁电梯阶梯，可能是一块抹布卡住引发事故。事故电梯产自上海三菱，维保单位是上海安莱杰电梯有限公司，具体事发过程及责任认定还需进一步调查。

（2）媒体关注电梯产品质量及年检问题。媒体普遍聚焦发生事故的三菱电梯是否有质量问题、是否在年检有效期内。解放网8月2日发文《龙之梦自动扶梯"吃人"，究竟谁之过？》，称此台出事的自动扶梯为三菱牌，于2015年6月刚进行过年检，年检有效期至2016年6月，日常维保记录完整，每15天保养一次，7月24日才刚刚保养过。可为何这台看似"没有问题"的自动扶梯却导致清洁工人被截肢的惨剧？

（3）对事故原因和调查进展表示密切关注。新民网8月2日发文《电梯又出事！上海长宁龙之梦一男子小腿被夹已截肢》：龙之梦相关负责人在接受新民晚报新民网采访时说，据初步调查，事件疑因操作不当引发。据介绍，事发电梯梯龄10年，一直按时进行维护保养。

2. 公众舆论主要观点

（1）网民对此事故表达出的多是恐慌、不安全感。例如8月1日23时28分，微博网友"@Makiyo 楼沁"发微博称："临近营业结束的时候，上海中山公园龙之梦的电梯也绞人了，一个男的双脚被夹在手扶梯里，幸好及时按了按钮，但还是被夹住了，大叫要死掉了，保安还不让拍照，想想就可怕，手扶梯到底还安全吗？"《新闻晨报》的官微转发量最多，达到5700多条。

（2）部分网民质疑电梯质量以及维保问题。在新浪微博上，"@莫道是子虚乌有"说："安全故障，受害者买单，太过分了！""@这世界没有藏身之地"表示："不论如何，电梯一定是有问题的，如果没有，他也不会掉下去。"

四、舆情应对分析

第一，相关部门反应较为迅速，各部门均严格按照"快报事实、慎报原因"的原则进行应对。通过主动回应民众关切，及时公布调查情况，抢占了舆论先机，有效阻止了舆情的无序蔓延。

事故发生时,正值荆州电梯事件刚刚过去的舆情敏感期,公众对于电梯事故普遍存在恐慌情绪,舆情热度迅速上升。市质监局高度关注该起事故,次日即组织电梯技术专家配合事故调查组对涉事自动扶梯进行了勘查和测试。在掌握现场调查结果的情况下,第一次发布信息就明确指出:"现场分析是因清洁工在该自动扶梯运行状态下使用拖把进行清洁引发。进一步的信息将及时向社会公布。"上海质监部门发出及时权威的官方声音,主动公布调查结果,抢占了舆情先机,同时也为事故调查的最终结论留下了余地。

第二,后续的公开回应较为得当,有始有终。一方面,相关部门厘清责任主体,解决了公众疑虑,使舆情朝缓和方向发展;另一方面,相关部门通过例行新闻通气会主动公布后续调查结果,避免烂尾新闻,减少次生舆情危机发生的可能性。

随着上海龙之梦电梯夹人事故监控视频曝光,涉事商场方面主动发表声明:被扶梯夹伤的保洁员违规操作。由此,作为事件的主体责任方,涉事商场主动走到前台,此举避免了公众对于政府部门可能偏袒商家的质疑。

市质监局在例行新闻通气会上主动公布事故原因调查结果,避免这起事故报道成为烂尾新闻而不了了之。舆情处置有始有终,给公众一个满意的答复是对社会负责的做法,也能够彻底消除舆情风险,避免发生次生舆情危机。

第三,积极应用新媒体平台发声,抢占舆论阵地。此次事故引发了社会公众的恐慌情绪,面对此情况,相关部门积极应用新媒体平台发声,通过与公众更近距离的沟通,公布事件进展,消除公众疑虑,使舆论逐渐趋于平稳。

"@长宁市场监管"8月2日15时18分发表长微博,公布关于中山公园龙之梦商场电梯夹人事故的初步调查情况。"@上海长宁"随即转发。而"@上海质监发布"官方微博微信平台同时于8月2日16时20分发布信息,回应关切。

总体来说,该事故发生在荆州电梯事故的舆情敏感期,政府响应及时到位,事件调查信息公开透明,应用新媒体及时主动回应民众关切,收到了良好的效果。

嘉定区翔和雅苑"楼晃晃"事件

一、事件介绍

南翔镇翔和雅苑小区于2014年交付使用。在装修入住后,16、17号楼业主发现楼房偶有轻微晃动情况,于是向开发商和相关职能部门反映情况。相关职能部门当即委托权威第三方机构实地调查,并根据调查数据发布了《嘉定翔和雅苑振动测量与震源寻找》报告,排查出楼盘出现轻微晃动的原因为:小区外300米处石材厂的大型切割设备工作频率与房屋晃动频率相近引发的共振。第三方机构的调查结果排除了房屋本身存在质量问题,以及晃动对楼房结构安全造成影响的可能性。石材厂先于楼房存在20余年,各类经营手续齐全,无任何违反法律法规的生产经营行为。

相关职能部门自接到群众投诉后,反复依法协调,石材厂表示愿意配合政府工作,但是只有在核实、证论修改切割频率不会对产品品质造成影响的基础上才能进行调整,而论证需要一定的时间。属地政府也将协调结果及时地与小区16、17号楼业主进行了沟通,得到大部分业主的理解。

2015年7月以来,石材厂业务量增加,四台大型石材切割机开始24小时工作,16、17号楼业主发现楼房轻微晃动的情况增多,部分业主向媒体反映,希望问题能够尽快得到解决。

二、舆情发展情况分析

表22 嘉定区翔和雅苑"楼晃晃"事件舆情时间轴

媒体报道及公众舆论反应	政府应对举措
舆情酝酿期:家住上海市嘉定区德园路1509弄的市民反映,他们居住的高层住宅一直存在整体摇晃的问题,已持续近一年的时间了。楼内	

(续表)

媒体报道及公众舆论反应	政府应对举措
居民曹先生认为和两公里外的一家石料加工厂有关。为此,曹先生曾通过 12345 市民热线向有关部门反映,但大楼摇晃的情况却始终没有得到解决。	
2015 年 7 月 28 日	
舆情爆发期:7 月 28 日 7 时 11 分,上海电视台新闻综合频道《上海早晨》栏目以"嘉定区惊现'楼晃晃'持续一年无人管理"为题,报道了南翔镇翔和雅苑小区 17 号楼出现轻微摇晃的情况,并称居民向区建交委、区环保局反映情况后问题未得到有效解决。	
舆情发展期:7 月 28 日 10 时,嘉定新闻网"嘉定说事"栏目发帖《嘉定区惊现"楼摇晃"已经持续一年都无人管理》。	
	7 月 28 日 8 时 30 分,嘉定区政府新闻办制发《舆论监督快报》报区府办,同时联络区内嘉定都市网、嘉定新城网、南翔生活网等各家社会媒体,要求配合工作,勿对上海电视台报道进行转载、评论、推送。
	7 月 28 日 10 时,嘉定区府办召集各部门会商。区环保局拿出权威《调查报告》,"楼晃晃"的原因为:300 米外的石材厂的大型切割设备工作频率与房屋晃动频率相近引发的共振。嘉定区根据居民诉求,由环保局现场检查,要求石材厂配合进行临时性停工;南翔镇开展居民沟通、交流、安抚工作,聘请专家为有疑惑的居民解读《调查报告》。同时,通报着手开挖减振沟解除共振的情况。
	嘉定区政府新闻办安排区级核心网评员在热门媒体报道后有针对性地引导网民理性开展讨论。
	7 月 28 日下午,嘉定区联系上海电视台新闻综合频道、《新闻晨报》,全面告知事件及处置情况,邀请媒体进行跟进报道,并指定区环境局环境监察支队负责人负责接待媒体采访,说明情况。

（续表）

媒体报道及公众舆论反应	政府应对举措
2015 年 7 月 29 日	
	7月29日,区新闻办联络区内嘉定都市网等社会媒体,告知事件实际情况,并通报了职能部门处置情况,要求真实、全面、客观地报道事件真实情况。
截至7月29日6时,相关报道传播55篇次,微博转发23次,评论18条。部分主要新闻客户端累计留言7 900余条。7月29日,人民网、新华网等转发上海电视台报道。大量网民通过微博、微信吐槽。	
2015 年 7 月 30 日	
7月30日,《新闻晨报》、上海电视台刊播"楼晃晃"的产生原因,相关报道同时介绍了专家建议。	
	嘉定区环保和建设部门表示,可能要再次进行检测,才能制定更详细的计划。区环保局表示,若楼梯摇晃确由石材厂所致,将会要求企业调整切割频率,或者采取构建防振沟等隔振措施。若以上措施均不能达到效果,或建议南翔镇政府进行产业结构调整。
2015 年 7 月 31 日—8 月 3 日	
7月31日—8月3日,搜狐、东方网、光明网等转发《新闻晨报》的相关报道。 截至7月31日7时,相关报道传播40余篇次,仅网易新闻留言板即有700余人次参与讨论。境内主要APP客户端留言820余条。部分网民对检测机构的鉴定结论表示质疑,"又是给豆腐渣工程找借口"。	
舆情平息期:随着相关部门的回应和媒体报道的解释逐渐放出,舆情渐趋平息。	

三、媒体及公众舆论主要观点

1. 媒体报道主要观点

（1）事件爆发初期：上海电视台单方面采访居民，从标题设置上质疑职能部门不作为，在报道内容中质疑房屋质量及周边工厂所产生的影响。

（2）事件舆情发展前期：东方网、新民网、中国新闻网、网易、腾讯大申网等媒体援引上海电视台报道的观点，对楼房质量、职能部门的工作进行了含蓄批评。

（3）事件舆情发展中期：《新闻晨报》、上海电视台报道了产生"楼晃晃"的原因为附近石材厂切割设备引发的共振。报道同时介绍了相关职能部门当前已经采取和准备采取的措施。

（4）事件平息期：搜狐、东方网、光明网等转发了《新闻晨报》的相关报道。

2. 公众舆论主要观点

（1）网友"fishjingyu"在嘉定新闻网跟帖表示："不死人永远没人来管"，质疑政府的作为。

（2）网民吐槽"豆腐渣工程"，对房屋质量感到失望和无奈。例如网友"ryoliyin"发帖称："就是我们家的楼，唉，实属无奈。"

（3）网民多关联"楼倒倒""楼亲亲"等房屋质量事件，进行了一些不当联想。与此同时，一些网民质疑政府监管履职的效度，认为可能存在官商勾结等腐败问题。

四、舆情应对分析

第一，鉴于上海之前已经出现过所谓"楼倒倒""楼歪歪""楼裂裂"等事件，在应对媒体时，需注意防止媒体进行关联式炒作，要不断释放积极信息，突出报道职能部门的作为。

由于上海之前已经出现过一系列类似事件，建筑质量问题受到各方的高度关注。在媒体报道播出后，结合多家媒体对事件作后续深度报道的需要，嘉定区新闻办迅速将各部门已经作为、正在作为和打算作为的态度及情况向媒体提供，利用事件新闻价值的鲜活度同步降低舆情热度。特别是在7月28日报道播发后当天，区新闻办与各家媒体协调，告知事件真实情况及处置动态，联络居民及职能部门"现身说法",争取媒体的支持和理解,对事件的妥善处置起到了很大的作用。

第二,在发布调查结果之时,首先要提供更多通俗易懂的事实证据,其次要做好权威专家的配套解释工作,让公众更加容易理解和接受。

由于大部分公众不具备专业的建筑类知识,在判断此类问题时很容易从自己的个人经验和理解出发,对政府提出的调查结果产生质疑。因此,在发布调查结果之时,不能仅仅公开调查内容了事,而是要提供更多通俗易懂的事实证据,用事实说话,让公众接受调查结果。与此同时,要在宣传时邀请权威专家对调查结果进行解释说明,让公众更加容易理解和接受,减少不必要的疑虑。

第三,在处置舆情事件时要注重多方协调,从引发网络舆情的现实问题入手,通过一系列切实工作,着力从根源上消除舆情风险。

发现舆情后,嘉定区各职能部门第一时间按照应急预案及区政府的统一部署开展工作,除了开展网上舆情处置,引导区域内社会化媒体担当社会责任,负责任地传播相关信息,避免引发区内民众猜疑,相关部门重点针对居民的现实诉求开展工作,特别注重做好居民的沟通、解释和安抚工作。只有满足居民的现实诉求,消除居民的疑虑和不满,才能从根源上消除舆情风险。

3

医患冲突类

上海市第十人民医院网传医生殴打老年患者事件

一、事件介绍

2015年1月18日15时,上海市第十人民医院放射科普放一号机房发生医患冲突事件,一名老年患者在妻子陪同下排队等候摄片,其间老人等得不耐烦欲插队强行进入摄片室,被劝阻后掐住医生脖子,其妻子动手打了医生。警方到场后确认两名老人身体没有受伤痕迹。随后,两名老人在留院观察期间不辞而别。16时许,"@老汪爱喝茶"将拍摄的现场照片在微博上发布,称上海某医院"CT医生竟然动手打人,极其嚣张",引发了网络舆情。1月19日,院方通过官方微博发布了附带照片、HIS数据、医疗文书等证据的院方声明。官方声明发布30分钟后,舆情态势发生了戏剧性反转,网上舆论开始纷纷谴责之前的不实微博,批评殴打医生的患者和家属。随后几天,报纸、广播、电视及一些网络媒体纷纷跟进,针对相关人员对医务人员的无端攻击进行了谴责。

二、舆情发展情况分析

表23　上海市第十人民医院网传医生殴打老年患者事件舆情时间轴

媒体报道及公众舆论反应	政府应对举措
2015年1月18日	
舆情酝酿期:2015年1月18日15时,上海市第十人民医院放射科普放一号机房发生医患冲突事件。一名老年患者在妻子陪同下排队等候摄片,其间老人等得不耐烦欲插队强行进入摄片室,被劝阻后掐住医生脖子,其妻子动手打了医生。警方到场后确认两名老人身体没有受伤痕迹,随后,两名老人在留院观察期间不辞而别。	

（续表）

媒体报道及公众舆论反应	政府应对举措
舆情爆发期：1月18日16时许，一网名为"@老汪爱喝茶"的网友发布微博，称十院放射科医生殴打老年患者，并配发了现场拍摄的照片。微博发布后，12个小时的转发数量就突破1 000。	
	相关事件在网上曝光后，十院宣传处第一时间向分管书记汇报，根据相关制度、流程和领导指示，启动了事件调查。
2015年1月19日	
舆情发展期：1月19日10时30分，相关微博转发数量超过1 800，评论数量超过200。	
	由医院宣传处主导，联合医务处、门急诊办公室、总务处，召集放射科相关人员了解事发当时的情况，并查阅HIS、PACS系统中的信息，调看监控录像。
	事实得以还原后，医院宣传处立即与市卫计委沟通，起草了关于此事的官方声明，经医务处、门急诊办、总务处、放射科等兄弟部门核实细节后，由分管书记授权通过官微发布，并@部分对医院持"鸽派"态度的网络"大V"。
	1月19日11时，医院宣传处在医院官方微博上发布了附带照片、HIS数据、医疗文书等证据的院方声明。相关微博转发数量超过2 000次，评论数量超过500条。
医院发布官方微博后，舆论态势开始出现反转。网民转而谴责无良患者和家属，并留言批评不实微博的发布者。	
	面对媒体采访，医院方面延续之前官方声明的口径进行回应。
1月19日下午，一些网络媒体开始介入此事件。新民网率先发布报道《网曝医生打患者 十院：插队强闯放射室》，基本还原了事情经过。	

（续表）

媒体报道及公众舆论反应	政府应对举措
2015年1月20日	
1月20日7时，上海电视台《上海早晨》栏目的"读报"版块间接报道了此事件，主持人呼吁医患之间应建立和谐的关系。同日，新闻娱乐频道一档脱口秀式的新闻评论节目报道了此事件，主播以犀利的口吻谴责了患者的冲动与暴力。	
《南方都市报》刊发《网曝上海医患冲突 医院：老人插队无果动手》，被新浪、网易等门户网站以及《京华时报》等纸媒转载，其内容基本延续了官方声明的口径。	
	市医师协会、市医务工会看望、慰问被打医生。
2015年1月21日	
这一医患纠纷引起了香港媒体的关注。1月21日，《东方日报》的《沪夫妇打尖捏颈捆医生》以及香港《太阳报》的《老夫妇医院打尖殴医生》，用大量动词描述老人殴打医生的场面。	
2015年1月22日	
1月22日，《劳动午报》发表评论《用法律驱散暴力伤医的戾气》，提出把暴力关入法律的牢笼，是医改的应有之义。	
舆情平息期：随着网友"@老汪爱喝茶"删除了最初的微博，事情的真相经过媒体报道基本澄清，舆情逐渐回落平息。	

三、媒体及公众舆论主要观点

1. 媒体报道主要观点

（1）新民网最早报道此事件，基本采用医院官方说明的文字，评论环节虽站在第三方角度，但引用了院方在声明中的内容，呼吁医务人员多理解、宽容忍让患者,也希望社会理解并尊重医务人员。

（2）1月20日,上海电视台相关节目亦报道了此次医患冲突事件,主持人以犀利的口吻谴责患者的冲动与暴力,并呼唤医患和谐。

（3）香港媒体《东方日报》和《太阳报》关注了此事,指出在当下,内地医闹事件频生,引发各界关注。在报道最后,相关媒体引用院方声明,呼吁医务人员和患者之间应互相理解、相互尊重。

（4）在舆论发展后期,《劳动午报》发表评论《用法律驱散暴力伤医的戾气》,认为医护人员遭遇伤害,当务之急就是立法。只有建立健全相关医疗保护制度,医务人员的合法权益才能得到有效保护。把暴力关进法律的牢笼,也是医改的应有之义。

2. 公众舆论主要观点

（1）网络"大V""@烧伤达人阿宝"第一时间转发医院官方声明,并以十分犀利的言辞谴责事件当事患者和微博发布者。阿宝的微博得到了医学界同仁的广泛响应,转发数量达到1 000次以上,评论数量超过300条。

（2）网友"@老汪爱喝茶"删除了最初的微博,并在1月19日16时许更新微博称:"只怪自己照片没拍好,当时应该录视频的,谁对谁错,换位思考吧,医患矛盾,压力都大。"

（3）院方公布真相后,网民纷纷指责涉事老人。网友"Tiger_烨"在澎湃新闻评论道,"坏人变老了";网友"上访老户周丽"认为"坏人变老了的后果同样可怕"。

（4）在微博上,网友"@哟哟是吃货哈"谴责了最初曝光照片的"@老汪爱喝茶":"你可以报道,但请客观,不要主要说医生打病人,激化医患矛盾。"

（5）在微博上,"@二次清零"认为,这种医患纠纷的根源是医疗资源紧张,不关乎患者或医护人员的素质。医院、床位和医护人员少,患者多,难免造成紧张。在医院设置、配置上,国家应科学规划。

四、舆情应对分析

第一,在此次舆情事件中,院方的声明客观理性,不但用大量的事实证据使公众了解了事实真相,同时论述有理有节、令人信服,很好地扭转了舆论态势。

官方声明是公众了解事实真相、判断事件对错的重要依据,是影响整体舆论走向的关键点。在此次舆情事件中,院方在官方微博发布的声明是比较成功的。

第一，官方声明呈现了大量事实证据，"用事实说话"。院方搜集了事发当时的现场照片、HIS系统中患者候诊队列信息的截屏、遭殴打医生伤处照片等，而后隐去可能导致隐私泄露的部分，作为官方声明的配图。一系列的举措增强了声明的客观性与可信度。

第二，官方声明的论述有理有节，客观理性。一方面详细呈现了事件的始末，却没有对涉事患者、家属和不实微博发布者的行为作直接评价，而是由公众根据事实对相关人员的行为作出评价；另一方面，在声明的结尾，院方从道德和法律两个方面论述了医患之间应和谐相处，医生的合法权益不容侵犯，应受到保护，相关论述有理有据，令人信服，为公众所理解和接受。

第二，在舆情应对中，要善用网络"大V"的舆论影响力，通过主动与第三方舆论领袖进行联系和沟通，请他们传播符合事实真相的信息，以实现对舆论走向的有效引导。

自媒体时代的网络"大V"在网络舆论场中有着极大的传播力与影响力。各个行业都有自己的意见领袖，医疗卫生系统也不例外，医院要善于借助自己行当的"大V"开展舆论引导。

在此次舆情事件的应对中，北京积水潭医院的"@烧伤超人阿宝"积极主动地为医生、医疗机构、卫生行业鼓与呼，为扭转不利于医院的舆论态势发挥了巨大作用。在此类事件中，院方在发布声明的同时，应主动联系相关"大V"，向其介绍事件情况，请其转发官方声明，发表澄清事实、匡扶正义的言论，以实现对舆论的有效引导。

瑞金医院"6·27"医生被打事件

一、事件介绍

2015年6月27日8时42分,瑞金医院妇产科宋玮医生在查房时因拒绝违规开具病假单被女病人打伤。打人的女病人张某49岁,因子宫平滑肌瘤、子宫内膜增厚、继发性贫血于6月24日被收治入瑞金医院,6月25日做了诊断性刮宫+子宫颈活检+宫颈赘生物切除术,手术顺利,定于6月27日出院。6月26日,张某提出开一个月病假,当时医生解释根据其病情只能开具一个星期的病假,若期满后患者仍然感觉不适可以到医院复查,根据实际情况再决定是否延长病假。6月27日宋玮医生早查房时,张某再次提出开一个月病假的要求,宋玮医生再次予以解释。查房结束后,宋玮医生与病人张某及其家属迎面碰到,在双方无任何语言沟通的情况下,张某推搡宋玮医生后又用手击其右脸,导致宋玮医生脸部红肿并瘀伤,眼镜被打飞,镜片脱落。张某打人后立即随同家属离开病房。

二、舆情发展情况分析

表24 瑞金医院"6·27"医生被打事件舆情时间轴

媒体报道及公众舆论反应	政府应对举措
2015年6月27日	
舆情酝酿期:2015年6月27日(周六)8时42分,瑞金医院一名妇产科女医生宋玮遭病人张某掌掴,导致宋玮医生脸部红肿并瘀伤,眼镜被打飞,镜片脱落。	
	事件发生后,瑞金医院做出以下应对举措:1. 院行政总值班立刻上报院领导,同时报警;2. 安排科室支部书记陪同被打医生前往医院验伤,并到瑞金二路派出所做笔录;3. 保卫科值班工作人员调取监控录像,复制后交予警方。

(续表)

媒体报道及公众舆论反应	政府应对举措
舆情爆发期：6月27日9时开始,医务人员微信朋友圈开始出现"瑞金医院医生被打"消息。	
	瑞金医院宣传科紧急展开舆情应对：1. 启动舆情应对预案,舆情应对小组立即投入工作；2. 迅速了解、厘清主要事情经过；3. 上报市卫计委宣传处领导,咨询初步应对策略,建议应及时向社会说明真实情况。
27日10时左右,微信朋友圈开始有对该事件的转发。	
	舆情应对小组即刻向党政主要领导汇报,决策如下：1. 尽快发官微表明医院态度；2. 院领导亲自上门慰问受伤医生；3. 整理上报书面材料。 瑞金医院宣传科紧急行动：1. 草拟《情况说明》和口径；2. 将草案提交舆情应对小组深入讨论、修改后报院领导和市卫计委宣传处审议,形成终稿。
	27日15时18分,瑞金医院官方微信、微博同时发布《情况说明》,称此次伤医事件不仅危害医疗工作者的人身安全,更是对法律的挑衅,伤医者必须依法得到惩处。该说明被转发收藏473次,阅读量达19.7万余次。
舆情发展期：27日16时11分开始,新浪、腾讯、搜狐、网易、东方网、新华网等网络媒体对该事件进行了报道,内容大部分取自医院《情况说明》。	
	27日17时左右,瑞金医院为安抚临床医学院大学生情绪,临床医学院办公室通过朋友圈转发文章,鼓励学生正视医闹的存在,也要看到求医心切、向好向善的患者。该微信也获得广泛转发。
	27日18时40分左右,警方依法对伤医者张某作出行政拘留5日的决定。

(续表)

媒体报道及公众舆论反应	政府应对举措
2015年6月28日	
6月28日,新华社发表《拒绝病人违规延长病假 上海一女医生被打》的报道。各大主流媒体报道均引用医院发布的声明,并对伤医进行谴责。	
《新闻晨报》的报道《小手术要开一月病假遭拒 竟掌掴医生》指出,在瑞金医院医生被打几小时后,上海儿童医学中心的外科钟医生遭到患者家属推打。这些报道进一步引发了对伤医事件的关注。	
2015年6月29日	
6月29日,《新民晚报》刊发报道《半个月,上海三名医生被打》,提及6月9日儿童医院一名护士受到患儿家长严重暴力侵害的事件。同日,该报的《"医闹入刑"不是治本之策》指出,全国人大常委会再次审议刑法修正案(九)草案,再次研究将"医闹"入刑。	
6月29日,看看新闻网刊发报道《新华医院:不满被通知出院一病患家属砸伤护士》。	
2015年6月30日	
	6月30日,市医务工会慰问宋玮医生。7月3日,市医师协会前往看望慰问。
2015年7月1日	
7月1日,《解放日报》刊发《医患共同决策,起点在哪》的报道,指出包括瑞金医院医生被打事件在内,申城21天发生了七起医患纠纷,但这并不代表医患关系就此崩溃。医患想要共同决策,须营造耐心、宽厚、仁爱的社会氛围。	
2015年7月2日	
7月2日,上海观察发表了《医生来信:伤医事件究竟伤了谁》的报道,认为医患共同的敌人应该是疾病。	
舆情平息期:随着伤医者被警方拘留,被打医生伤势恢复良好,公众舆论逐渐平息。	

三、媒体及公众主要观点

1. 媒体报道主要观点

（1）在事件爆发的初始阶段，东方网、新浪、网易等媒体基本上引用了瑞金医院的《情况说明》，认为此次伤医事件不仅危害医疗工作者的人身安全，更是对法律的挑衅，伤医者必须依法得到惩处。新华网引用了瑞金临床医学院的观点，认为要正视医闹的存在，同时也绝不能让它的恶果影响医学的道义和担当。

（2）针对上海连续发生三次伤医暴力事件，《新民晚报》发表《"医闹入刑"不是治本之策》，指出从刑法修订到医疗体制改革，一系列制度设计都应指向一个目标：医者有尊严，生命权益才有保障。同时引用上海市律师协会医疗卫生业务研究委员会主任卢意光的观点，"医闹入刑"能够起到一定震慑作用，但不能杜绝医闹。

（3）7月1日，《解放日报》的《医患共同决策，起点在哪》表示，尽管近期连续发生伤医事件，但这并不代表医患关系就此崩溃。文章分析了医闹的原因，认为医疗服务达不到预期是引爆患者伤医的导火索。而医患如果想对一些问题共同决策，须营造耐心、宽厚、仁爱的社会氛围。

（4）在该事件发展后期，上海观察发表了《医生来信：伤医事件究竟伤了谁》，肯定了瑞金医院在"6·27"伤医事件中的良好表现，指出恶性循环下，医患彼此都是抱着防范之心，而医患的共同敌人应该是疾病。

2. 公众舆论主要观点

（1）"医道"公众号发布《瑞金医院处理医闹方式被点赞》，称对频繁发生的医闹事件，大家的视线已经不再仅聚焦在患者、医生本身了，医院方的态度和处理方式开始受到关注，如何有效合适地处理医患纠纷，也给各医院管理者带来压力。该条阅读量超过10万。

（2）公众号"梁宗辉影像"发文称瑞金医院伤医事件的快速处置，反映了上海的睿智、良知与速度，伤心事件随即变成暖心行动。

（3）在微博平台上，"@毛豆刷屏控"认为要严惩伤医者，否则"广大医生可以跳槽了"。

（4）上海网友"善良的见死不救"在新浪网站新闻跟帖称，这起伤医事件不是医患矛盾，是制度和现实的矛盾，如果医生可以根据病人的实际病情开病假，就不会发生这样的事。

瑞金医院"6·27"医生被打事件

（5）还有一些网友认为虽然打人不对，但有些医生的确存在态度不佳等问题。上海网友"往事更新"在新浪新闻跟帖称："现在看病难、看病贵不说，看病还要靠运气。运气好了碰到好医生，运气不好碰到那些怪怪的医生真是不知道该如何是好！"

四、舆情应对分析

第一，瑞金医院在本次事件的舆情应对中以公开透明的态度、富有人情味的处置方式赢得了主流舆论的理解和支持。但是在社交媒体上的回应速度可进一步加快，第一时间引导舆论走向。

瑞金医院注重员工情绪感受和安抚，院领导在第一时间亲自登门慰问被伤医生，表示医院的关心和支持，人性化举措温暖人心。更重要的是，对此事件，医院定性鲜明、态度坚决，表示"此次伤医事件不仅危害医疗工作者的人身安全，更是对法律的挑衅，伤医者必须依法得到惩处"。社会公众对"医闹"厌恶已久，因此医院的表态受到了广泛支持，在微博和微信平台上，不少网友为瑞金医院的态度和行动点赞。

在公开回应方面，如果能够更加快速高效，舆情处置就能更加主动。6月27日9时，相关信息开始在微信朋友圈流传；15时18分，瑞金医院官方微信、微博同时发布《情况说明》，中间间隔了6个小时左右。在微博微信等社交媒体上，通过人际转发，一些关于热点事件的不实信息能够在极短的时间内实现几何级数的爆炸式传播，因此，在发现有相关信息在社交媒体上传播后，要第一时间进行官方回应。即使第一时间的快速回应难以做到全面而深刻，但是从遏制谣言和不实信息的角度出发，也要尽快发出官方声音，澄清真实情况，在舆论场中争取主动权。

第二，瑞金医院通过新媒体渠道传递官方声音，在媒体与公众中皆形成了共鸣，打通了两个舆论场，取到了较好的传播效果。

瑞金医院通过微信公众号和微博发布的《情况说明》，不但成为媒体的信源——新浪、腾讯、搜狐、网易等网络媒体对该事件的报道内容大部分取自医院《情况说明》，而且直接在社交媒体舆论场中向公众呈现真实情况，相关内容被转发收藏473次，阅读量达19.7万余次。

在此次事件中，瑞金医院是各方关注的焦点，医院较好地利用了新媒体平台，乘势而上，将各方的注意力转化为自己的影响力，发布的权威信息不但被媒体广泛报道而且被公众接受和自发传播,两个舆论场被打通,媒体和公众之间的互相影响与激荡进一步促进了权威声音的传播,使瑞金医院较好地占据了舆论的制高点。

第三,由于公众长期对医疗问题存在不满,此次事件中,仍有部分公众带着负面情绪质疑医院。在此舆论环境下,医院的相关部门需对所有员工进行舆情素养培训,尽力规避舆情风险,减少舆情事件的发生概率。

长期以来,医疗纠纷不断,公众对医疗行业存在刻板印象,一旦有新的医疗类舆情事件发生,即使医院方面没有不妥的行为,公众长期积累的负面情绪仍会被引燃,造成对医院不利的舆论局面。与此同时,在当下的全媒体社会中,每个人都是自媒体,对于医院来说,每个病人、每位职工都可能随时发布不利于医院的负面消息,舆情风险无处不在。

要想真正减少负面舆情事件,仅靠宣传部门的被动应对是远远不够的,医院需要分层次、分步骤地对所有员工进行舆情素养培训,让员工认识到现实工作中存在的一些舆情风险点,以更好地在日常工作中规避舆情风险。

4

网络谣言类

网传女子在派出所被民警脱裤事件

一、事件介绍

2015年1月4日,网民"郭嘉不死"在华声论坛发布题为"红衣女子在警局裤子被扒光腚几小时"的帖子。帖子曝料称一女子在闸北区政府门前跪求领导,希望动迁问题能得到妥善安置。"突然冲出几个彪形大汉连扯带拉,将其下身裤子被扒。带到警所后几个小时,又去了信访办,信访办拿了一块白床单给她。"该女子后因动迁问题被拘留五天。照片是其7岁女儿在警所拍摄。

该网帖被一些媒体官微转载,引发热议。1月8日18时左右,上海站地区治安派出所官微"@上海陆上北大门"发布辟谣消息,其中附有五张图片,一张文字解释,多张动态图。据"@上海陆上北大门"介绍,此事件发生在2014年4月23日,微博中赵姓女子与其丈夫因在秣陵路扰乱公共秩序被带至闸北公安分局上海站地区治安派出所。在派出所该女子在地上喊叫,并扭动身体、双脚乱蹬致裤子脱落。见状派出所女民警多次上前帮赵某穿裤子,但都被女子拒绝,其间其丈夫用手机拍摄了妻子裸露下身的照片。

二、舆情发展情况分析

表25 网传女子在派出所被民警脱裤事件舆情时间轴

媒体报道及公众舆论反应	政府应对举措
2014年4月23日	
舆情酝酿期:2014年4月23日,赵姓女子与其丈夫因在秣陵路扰乱公共秩序被带至闸北区公安分局上海站地区治安派出所。在派出所该女子在地上喊叫,并扭动身体、双脚乱蹬致裤子脱落。派出所女民警见状多次上前帮赵某穿裤子,但都被女子拒绝,其间其丈夫用手机拍摄了妻子裸露下身的照片。	

（续表）

媒体报道及公众舆论反应	政府应对举措
2015 年 1 月 4 日	
舆情爆发期：2015 年 1 月 4 日，网民"郭嘉不死"在华声论坛发布题为"红衣女子在警局裤子被扒光腚几小时"的帖子，曝料称一女子在闸北区政府门前跪求领导，希望动迁问题能得到妥善安置。"突然冲出几个彪形大汉连扯带拉，将其下身裤子扒掉，带到警所后几个小时，又去了信访办，信访办拿了一块白床单给她。"	
2015 年 1 月 7 日	
舆情发展期：2015 年 1 月 7 日 13 时 30 分，网民"@教授老头—TX"发布题为"红衣女子在警所被扒裤,7 岁女儿拍照"的微博，并配有多张当事女子在滞留室内裸露下体的照片。该微博迅速在网上流传开来。	
	发现相关舆情后，闸北区公安分局迅速召集相关部门组成舆情处置小组，制定突发舆情应对预案，就该事件向站区派出所核实情况，并部署开展舆情监控和介入评论，分散舆情观点。
1 月 7 日，"@三湘都市报""@五岳散人""@蒋有横 larryjiang""@中国热媒体"等知名"大 V"相继转发该信息，网民将矛头直指上海警方，"为何扒去女子裤子""警方执法粗暴"等评论满天飞，舆情逐渐升温。	
	1 月 7 日 18 时许，市公安局政治处接《新闻晨报》记者来电要求开展采访。经与记者协调沟通，对方主动表示暂不报道。
2015 年 1 月 8 日	
《红衣女子在警局裤子被扒光腚几小时》的帖子内容在一些媒体人认证微博账号如"@赵世龙""@记者谈春平""@拂袖亦轻狂"等，以及媒体官微"@三湘都市报"的推送下，在 8 日持续发酵，引发公众高度关注。	

三、媒体及公众舆论主要观点

1. 媒体报道主要观点

（1）在事件爆发的初始阶段,"@三湘都市报"等媒体的官方微博转载未经核实的谣言帖,指责上海警方执法粗暴。辟谣帖发布后,主动删除该微博。

（2）在官方发布辟谣信息后,《扬子晚报》、新浪新闻、人民网、网易新闻、《新京报》等媒体相继刊发题为"网传女子在警所被扒裤子,警方：自己乱蹬所致"的报道,澄清事件真相。

2. 公众舆论主要观点

（1）在论坛平台上：1月4日,华声论坛网民"郭嘉不死"爆料："上海闸北区一女子在警所裤子被扒,几小时无人过问,却因动迁问题被拘留5天。"帖子发布后,被点击4 141次,回复70条。天涯社区予以转发,被点击20 136次,回复73次。不实消息发布并扩散,舆论对警方十分不利。

（2）在微博平台上：谣言帖发布后,"@五岳散人""@蒋有横larryjiang""@中国热媒体"等知名"大V"相继转载,诱导网民将矛头直指上海警方。至1月4日15时,相关微博转载37次,评论2 200余条,负面评论使得上海警方的形象受到严重损害。

（3）在真相不明时,部分网民追随爆料人的观点,斥责警方是"土匪行径,流氓作为,强烈谴责","警察基本上是不讲人道的"。

（4）也有部分网友保持理性态度,对爆料的真实性表示关注和怀疑："现在风声紧,警察敢这样？""完全可以打她或者关起来,没必要脱裤子还让拍照,不会是自己脱了撒泼吧。"

四、舆情应对分析

第一,在负面舆情爆发后,相关部门迅速启动应急预案,查明事实真相,为后续的辟谣和应对工作打下了良好基础。

闸北区公安分局获悉相关舆情后,多措并举,一方面迅速上报有关领导,并召集相关部门组成舆情处置小组,制定突发舆情应对预案。另一方面就该事件向站区派出所核实情况,了解事件真相,为后续应对提供事实基础。这些举措为接下来发布正式辟谣信息、扭转舆情态势打下了良好基础。

第二,在舆情回应的过程中,相关部门准确把握舆情走向,针对舆论疑点逐个击破,回应了公众的质疑。

在上海市公安局的指导下,相关部门拟定新闻口径,紧紧抓住造谣博文中"红衣女子脱裤子"和"7岁女儿拍照发微博"两大谣言疑点,通过视频、照片配以简要文字说明,逐一进行揭露,并通过谣言涉及的派出所官方微博进行辟谣。这种有的放矢的辟谣举措较好地澄清了事实,回应了公众质疑。

第三,综合运用官方微博、微博"大V"、媒体官微和传统媒体的影响力,主动发出政府声音,抢占舆论阵地,在较短时间内扭转了舆论态势。

查明真相后,相关部门将辟谣文章通过"@上海陆上北大门"进行发布,"@闸北发布"及时配合转发。与此同时,相关部门不断向网络媒体和微博"大V"定向推送辟谣信息,通过他们的影响力逐步扩散真相。8日当晚,"@新京报""@江宁公安""@新浪辟谣""@上海新闻播报""@点子正""@今晚报"等微博"大V"和媒体官微相继转发辟谣信息。1月9日,中央、省、市主流媒体官网、官博,各大门户网站跟进,对事实真相进行了持续报道。通过综合运用各种传播手段,辟谣信息在短时间内得以大范围扩散,舆论态势迅速扭转,事件舆情逐渐平息。

网传东航飞行员
有精神病事件

一、事件介绍

　　东航飞行员张某与妻子杨某因感情不和,于2013年年底开始闹离婚,离婚纠纷期间,杨某曾通过散发传单等方式宣称张某有精神病,并通过各种途径多次举报,东航纪委等部门为此做过专门调查,专业心理测评显示张某符合飞行健康要求。2015年3月9日,杨某通过个人境外网站爆料张某私人心理咨询信息及两人冲突时的照片等大量信息,称张某是精神分裂症患者。同时,一则题为"精神分裂症患者在上海东方航空开飞机?真的吗?!"的微信公号文章,通过微信迅速传播扩散,两个自称是杨某学生的代表性账号持续煽动。因事件涉及飞行员、精神病、家庭纠纷等舆论焦点话题,披露大量私人信息,娱乐消费性强,迅速在互联网上发酵,引起了社会高度关注。

　　2015年3月9日起,东方航空积极应对,通过新浪微博两次出面辟谣,并与新闻媒体积极沟通,尽量降低事件的负面影响。最终舆情焦点由指责东航转为质疑杨某的行为,事件逐渐平息并淡出公众视野。

二、舆情发展情况分析

表26　网传东航飞行员有精神病事件舆情时间轴

媒体报道及公众舆论反应	政府应对举措
舆情酝酿期:东航飞行员张某与妻子杨某因感情不和,于2013年年底开始闹离婚。离婚纠纷期间,杨某曾通过散发传单等方式宣称张某有精神病,并通过各种途径多次举报。	

网传东航飞行员有精神病事件

（续表）

媒体报道及公众舆论反应	政府应对举措
2015年3月9日	
舆情爆发期：2015年3月9日，一个微信公众号突然发布杨某的文章《精神分裂症患者在上海东方航空开飞机？真的吗?!》，杨某同时用境外个人网站曝光张某私人信息。	
	上海东方航空公司监测到相关舆情后立即核实情况，收集材料，加强监测，当晚将首发微信文章删除，并与媒体开展解释沟通工作。3月9日20时10分，东航通过新浪微博发布辟谣声明，称网传相关信息不实。
针对辟谣声明，网民普遍持否定态度，认为公司不负责任，对于声明应拿出证据，并表示不会再乘坐东方航空的航班。	
2015年3月10日	
3月10日起，杨某开通微博账号"@东华大学教师杨某"，持续发布《东航仍在撒谎》《关于张某这件事情的第3篇文章》等文章，质疑东航的包庇行为，声称张某患精神病，相关鉴定造假，要求张某做司法鉴定。	
	东航商讨应对方案，准备法律诉讼，商定张某暂时停飞。与此同时，东航与东华大学及司法部门沟通，协调监管部门和专家帮助澄清等措施，并积极与记者沟通，做好媒体接待工作。
2015年3月11日	
舆情发展期：3月11日，《新闻晨报》的《飞行员精神异常仍工作？东航称不实》和《沈阳晚报》的《飞行员患精神分裂？东航官方微博辟谣》报道此事，客观呈现网传情况、事件纠纷的进展情况和东航的态度。	

(续表)

媒体报道及公众舆论反应	政府应对举措
2015年3月12—13日	
	3月12日14时,新浪微博"@东方航空"发布《针对网络所传东航飞行员张某事件的再次声明》,再次声明张某没有精神异常,并公布其心理测评报告等检查鉴定信息结果。
3月12日,澎湃新闻网发表题为"一飞行员被指精神异常,东航辟谣并在官微晒出多份鉴定材料"的文章,针对东航的再次声明进行积极和全面报道,并附上了心理测评报告等检查鉴定信息。	
截至3月13日6时30分,相关报道网上累计传播50余篇次。微博相关贴文累计转发2 000余次,评论1 600余条。网民态度有所转变,虽然多数网民仍表示质疑和担忧,但是部分网民认为应理性看待,"家暴或者出轨是人品不好,不等于就是精神病,更不等于技术不过关不能飞行"。	
2015年3月14日	
3月14日,以"@真相狂"为代表的第三方跳出澄清真相,指责杨某颠倒黑白,先后发表《杨某,请别拿我们当枪使!》等文,一些微博"大V"积极转发,网民大多持赞成态度,针对东航的负面舆论逐渐平息。	
	东航积极利用第三方组织发声,进行舆情引导,扭转舆论趋势,密切关注舆情,开展相关诉讼准备,视事态发展情况作出回应,开展形象修复工作。
2015年9月	
舆情平息期:杨某至9月份仍就此事不断更新微博,但并未引起更多关注。	

三、媒体及公众舆论主要观点

1. 公众舆论主要观点

（1）3月10日,"@东华大学教师杨某"发布《东航仍在撒谎》一文,此条微博获得190条评论,302条转发。众多网友不明真相,对杨某表示同情和支持,质疑东航包庇行为。

（2）东航发布两次声明后,大部分网友意识到杨某的观点有问题,例如"@切切世界"的回复评论:"鉴定报告出了呢,这样子看,女方真的是正常的么?"

（3）3月14日,"@真相狂"发布《杨某,请别拿我们当枪使!》,阅读量10万,揭露了杨某争取离婚财产的本质目的,民航资源网等"大V"账号转发,网友的态度发生偏转,此后杨某多次试图再次挑起事端,但未能再引起舆论关注,相关舆情逐渐平息。

2. 媒体报道主要观点

（1）3月11日,《新闻晨报》的《飞行员精神异常仍工作?东航称不实》和《沈阳晚报》的《飞行员患精神分裂?东航官方微博辟谣》报道此事,简要陈述网传的举报消息,以客观的调查报道陈述事件原委,重点报道了东航的辟谣声明。

（2）3月12日,澎湃新闻网发表题为"一飞行员被指精神异常,东航辟谣并在官微晒出多份鉴定材料"的文章,针对东航微博的再次声明进行积极和全面报道,并附上了心理测评报告等检查鉴定信息。

四、舆情应对点评

总体来看,这次事件本质上属于由私人事件引发的公关危机,东航的舆情处置总体来说比较得当,以迅速及时的回应和有理有据的跟进声明,引导公众舆论,变被动为主动,将事件的影响控制在较小范围内,使舆论热度在短时间内降温,逐渐淡出公众视野。

第一,在马航MH370失联一周年的敏感时期,东航加强舆情监测,防范舆情风险,较及时地发现了舆情风险。

此事件发生时正值马航MH370失联一周年,加之受到德国之翼坠机事件影响,社会对飞行员精神问题高度关注。在这一敏感时期,东航提高了对相关舆情的重视程度,加强了舆情监控的力度,最终较为及时地发现了舆情风险。

第二,积极迅速应对,有理有据发表声明,通过公布心理测评报告反击谣言。

东航及时核实情况,连续两次发布辟谣声明。值得注意的是,辟谣声明公布了飞行员的精神检查结果报告等信息,用实际证据回击了举报者的不实信息,也赢得了公众的信任,把握住了舆论的主动权。

第三,积极与媒体沟通,提供事实信息,争取媒体报道的主动权,尽量限制事件的影响范围。

由于东航主动向媒体提供事实,针对此事件的媒体报道并不多,仅有的几篇报道大多客观公正,没有跟风炒作。同时,东航尽力将事件的影响控制在小范围内。相关部门在其官方微博中控制住有关该事件的出现频次,同时积极进行议程设置,以其他通知和信息来降低公众对这一事件的关注,使事件的舆论热度在短时间内降温,并淡出公众视野。

第四,积极组织舆论引导,请第三方知情人士发声,扭转舆论态势。

在本次事件中,东航不断组织有针对性的舆论引导工作,扭转舆论趋势,请第三方知情人士提供了翔实证据给予支持。例如"@真相狂"等知情人出来澄清真相,指责杨某颠倒黑白,先后发表《杨某,请别拿我们当枪使!》等文。第三方中立人士提供的信息更易于被公众接受,对《杨某,请别拿我们当枪使!》一文,一些微博"大V"积极转发,网民大多持赞成态度,使舆论逐渐平息。

第五,相关舆论虽暂时平息,但由于杨某仍不依不饶,因此事件仍潜藏舆情风险。建议对重点账号进行密切监控,同时积极运用法律手段维护自身权益。

杨某仍不定期发表相关言论,东航应对此事持续保持高度关注,密切开展舆情监测,防止舆情再次发酵。同时,建议东航公司考虑进一步采取法律手段维护自身权益,比如通过律师函公布事件真相、起诉杨某对张某及东航的侵权行为等,通过法律手段以正公共舆论之视听,捍卫自身权益。

个别疑似教师网民辱骂牺牲交警事件

一、事件介绍

2015年3月11日,上海市闵行区公安分局交警茆盛泉在执法过程中遭司机抗拒,后被车辆拖行不幸身亡。该事件引发网民热议,大部分网民谴责司机的抗法行为,但是也有个别网民支持肇事方,谩骂交警,言辞偏激,其中有两人(用户"方公子"和"俞圣飞")被其他网民"人肉"出他们的职业疑似是教师(分别就职于上海交通大学和浦东新区云台路小学),遂引发更大规模网络"声讨",质疑此二人师德败坏,呼吁校方开除二人等言论充斥网络。后经市教卫工作党委宣传处网管中心协调相关单位进行调查,发现:上海交通大学海外教育学院员工方颖确系用户"方公子",交大要求方颖通过个人微博进行回应,学校领导也对方颖本人作出严厉批评,方颖在回应中表示"已辞去交大海外教育学院试用期的工作,希望我个人的错误不要再波及他人"。经闵行区教育局反馈信息表明,俞圣飞是浦东新区云台小学1998年毕业的学生,目前是社会青年,不是教师,和学校没有任何关系。随后,上海泰瑞洋律师事务所发出律师函声明,"云台小学未曾有过姓名为'俞圣飞'的教职工,更没有25岁的'俞圣飞'老师"。随着调查、处理结果的公布,相关舆情逐渐平息。

二、舆情发展情况分析

表27 个别疑似教师网民辱骂牺牲交警事件舆情时间轴

媒体报道及公众舆论反应	政府应对举措
2015年3月11日	
舆情酝酿期:2015年3月11日,上海市闵行区公安分局交警茆盛泉在执行公务过程中,被强行变道加速的私家车拖行后伤重不治。事后,	

(续表)

媒体报道及公众舆论反应	政府应对举措
微信用户"方公子""俞圣飞"先后转载事件相关报道,并在评论中为肇事司机开脱,认为交警执法不当,并谩骂交警。相关言论引发网民不满,并呼吁"人肉"。	
舆情爆发期:3月11日,两位发布敏感言论的网民迅速被"人肉"出来,"方公子"姓名方颖,毕业于上海音乐学院声乐系,就职于上海交通大学;"俞圣飞"疑似浦东新区云台路小学教师,去年因为严重违章被浦东交警处罚。部分网民质疑相关学校引进人才时的选拔标准,呼吁将涉事教师清理出教师队伍。	
	11日晚,市教卫工作党委宣传处网管中心协同上海交通大学党办、党委宣传部、新闻中心负责人以及保卫处处长建立"舆情应对及危机处置"微信群,便于及时沟通协调。经线上沟通与线下调查获知,"方公子"方颖系上海交通大学海外教育学院的教师,发布不当言论被网民"人肉"后受到院领导严肃批评,并删除微博。她自己受不了"人肉"搜索,已报警。通过"舆情应对及危机处置"微信群的沟通,交大决定不对此事作出官方回应,而是通过方颖个人微博进行回应,避免给交大带来不必要的舆论影响,同时学校领导也对方颖本人作出严厉批评。
2015年3月12日	
舆情发展期:3月12日下午,"俞圣飞"在新浪微博改名为"手机用户3318784821",并删除全部微博,转发"@直播上海"爆料博文发布致歉信息称:"我是俞圣飞本人,我对于这件事只能表示万分抱歉,对于伤害到事情当事人的话语我已经删除了,希望各位能给我一个认识错误的机会,非常感谢众位网友对我的批评,让我认识到错误,感谢大家的批评教育!"网民对其道歉并不"买账",呼吁学校将此人开除出教师队伍。	

个别疑似教师网民辱骂牺牲交警事件

（续表）

媒体报道及公众舆论反应	政府应对举措
	市教卫工作党委宣传处网管中心迅速联系浦东教育局局长，建议教育局查清"俞圣飞"身份。如"俞圣飞"确实为相关学校教师，建议通过其所在单位领导找到此人，劝其删除相关信息，并建议加强对此人的跟踪关注。
	3月12日晚，经闵行教育局反馈信息表明，俞圣飞是浦东新区云台小学1998年毕业的学生，目前是社会青年，不是教师，和学校没有任何关系。为了维护浦东教育的形象，浦东新区正酝酿对此事进行回应。同时，浦东教育局指示云台小学通过学校发出律师函（声明），并且通过各种途径在微信和微博上发布辟谣信息。
3月12日晚，方颖通过新浪微博账号"fangfangfangfangfang-fangfan90"发布道歉微博："各位，大家好。今天下午我犯了个非常大的错误，在朋友圈发了个荒唐的评论。我认识到我这个错误给大家造成了很大的伤害，我真诚地对警察及其家人和各位网民表示深刻的道歉，对广大网友的批评和帮助表示诚挚的谢意。我再次真诚地道歉。我错了！！！"道歉引起部分网民关注，网民对其多持漫骂口吻。	
	鉴于该道歉中既没说明确系发自方颖本人，也未提及具体事件，市教卫工作党委宣传处网管中心提醒交大党办和新闻中心作进一步关注。
2015年3月13日	
3月13日凌晨，方颖通过新浪微博账号"fangfangfangfangfang-fangfang90"再次更新博文称："去年毕业后开始求职。这次的不当言论给求职单位也带来影响，我很愧疚。虽然应聘的不是任课教师岗位，是企业岗位，但我非常难过。我已辞去交大海外教育学院试用期的工作，希望我个人的错误不要再波及他人。这次对我是深刻的一课，我会汲取教训。"此次更新道歉引起少数网民关注并对其进行漫骂。	

(续表)

媒体报道及公众舆论反应	政府应对举措
	3月13日,上海浦东新区云台小学的法律顾问——上海泰瑞洋律师事务所也发出律师函,律师函严正声明:浦东新区云台小学为上海一交警的遇难深感痛惜;云台小学未曾有过姓名为"俞圣飞"的教职工,更没有25岁的"俞圣飞"老师,另外上海市浦东新区没有"云台路小学",网络上相关言论均属谣传。希望刊载、转载不当谣传的平台和转发的网友立即删除不当谣传,尽快消除不当谣传对云台小学的影响,否则将付诸司法程序。律师函引发部分网民关注,网民希望停止"人肉","孰是孰非请还学校安宁"。
3月13日,澎湃新闻的《辱骂牺牲交警网友疑为教师,上海浦东云台小学声明称绝无此人》全文发布了上海泰瑞洋律师事务所发出的律师函,澄清了"俞圣飞"与云台小学的关系。	
舆情平息期:随着"方公子""俞圣飞"的道歉,以及事实真相的公布,公众舆论逐渐平息。	

三、 媒体及公众舆论主要观点

1. 媒体报道主要观点

媒体关于此次舆情事件的关注度较低,"俞圣飞"的相关信息引起了澎湃新闻的关注。媒体对此并未发表评论性观点,仅是将事件发展脉络进行了大致梳理,并对浦东教育机构与司法系统的合作内容进行了介绍:"从2014年9月开始,上海浦东教育机构和司法系统紧密合作,在全市率先全面推行学校法律顾问制度,为新区所有公办中小学、幼儿园和中等职业学校'组团式'聘用法律顾问。去年浦东已在基础教育阶段600多所学校实现'学校法律顾问制度'全覆盖。"

2. 公众舆论主要观点

(1)舆情始发阶段,大部分网民都对教师的不当言论表示愤慨,呼吁对涉事教师进行"人肉"。例如在微博平台上,"@直播上海"说,"警察正常执法叫土匪?警察正常执法叫找死?方颖上海音乐学院声乐系毕业现在就职于交通大学,外地来沪人员。微信号fy38465864"。此微博获得近600条评论,2 000余次转发。

(2)浦东新区云台小学委托上海泰瑞洋律师事务所发出律师函后,开始有网民认为不应在网络上传播不实信息。例如在微博平台上,"@上海秋水"说:"主人公俞圣飞为'浦东云台路小学'老师系谣传,上海浦东新区云台小学已请法律顾问发出声明,恳请各位帮助扩散,在为逝世交警祈福的同时,还学校一片安宁。"此微博获得近20条评论,50余次转发。

(3)澎湃网友"puterccc"认为,网友在网上发表言论时,应该拿出点良知和态度,至少在言行上保持一份敬畏,"平静地送这个普通中国人一程,不要为了一个微不足道的口舌之快,标新立异地去哗众取宠"。

(4)另有网友认为人肉行为不妥当。澎湃网友"Coffee"称:"此人发表的评论确实不妥,但是因此将其人肉,扰乱他人的正常生活更加恶劣。正如伏尔泰所说的,我不一定同意你说的每一个字,但是我誓死捍卫你说话的权利。"

四、舆情应对点评

第一,相关部门反应迅速、协同有力,如能事先对方颖的道歉声明进行把关,完善道歉内容,会获得更好的应对效果。

"方公子(方颖)"被"人肉"后,市教卫工作党委宣传处网管中心迅速协同交大党办、党委宣传部、新闻中心以及保卫处相关负责人建立"舆情应对及危机处置"微信群,组成舆情应对小组,在线即时进行沟通,后续处置及时有力。

在查实方颖系上海交大海外教育学院的教师后,交大决定让方颖通过个人微博进行回应,但随后方颖发布的道歉既没说明确系发自方颖本人,也未提及具体事件,只引起了少数网友的关注。在此类负面舆情事件中,当事人的道歉声明要慎之又慎,一旦道歉声明措辞不当,极有可能引发次生舆情危机。相关部门应对当事人的道歉声明做好把关工作,以确保道歉声明的基调正确、措辞恰当,对平息舆情危机发挥正面作用。

第二,云台小学合理运用法律力量,委托律师事务所发布律师函,增加了辟谣信息的权威性和说服力,较好地粉碎了谣言。

"俞圣飞"事件中,云台小学调查后表示未曾有名为"俞圣飞"的教职工,网络相关言论均属谣传,遂委托律师事务所发布律师函,要求停止一切网上相关谣言信息的传播,否则将付诸司法程序。教育与司法系统的沟通合作取得了较好的效果,律师函的权威性很快使受众信服,谣言迅速平息。

第三,教育部门应加强对全体教职人员的媒介素养教育,避免再次发生此类负面舆情事件。

虽然此事最终证实,涉事人员并非教师,但是在学校工作的教职人员方颖依然给所在学校带来了负面影响,此事同时也给教师网络言论可能带来的舆情风险敲响了警钟。教师承担着塑造灵魂、传递知识的崇高使命,公众对教师群体的道德要求要高于其他群体。在一些引起广泛争论的社会热点事件中,教师应意识到自己身份的特殊性,格外注意自己的言论,因为一言不慎很可能招致公众对所在学校乃至整个教师群体的诟病。而一些教职人员虽然并非教师,但是同样代表着所在学校,其言论同样不能无所限制。因此,在条件具备的情况下,教育部门应有计划地组织各类学校的全体教职人员参与媒介素养教育培训,一方面为学生的媒介素养教育提供指导,另一方面对教师的网络言论进行一些规范与引导。

网传上海将用崇明西部换取启东事件

一、事件介绍

2015年9月底,一篇《上海将用崇明西部换取启东》的文章在网上疯传,几乎刷爆"崇启海"三地微信网友的朋友圈,引发网友热烈讨论。多数网民对此表示质疑:"不可能,这样崇明不就分裂了吗?"

对此,10月12日,崇明县新闻办政务微信"@上海崇明"发文辟谣:"这事儿不可能!东部、西部同样精彩,都是崇明不可分割的一部分!"10月13日,新民网、上海观察、《东方早报》、《青年报》、上海电视台《上海早晨》栏目等多家媒体对此事作了报道,人民网、中新网、解放网等多家网站转载了相关报道。但还有部分网民将信将疑:"辟谣辟着辟着就变真的了,参照静安闸北。"10月14日,"上海崇明"微信公众号进行深度辟谣,转发上海观察相关文章,以"如此不靠谱的传言是怎样出笼的"为题,从谣言的来源、崇启发展现状、专家分析等角度再次表明:"这事儿不可能!"该条微信引起大量网友阅读和转发,随着传统媒体对辟谣信息的广泛跟进,该谣言逐渐趋于平息。

二、舆情发展情况分析

表28 网传上海将用崇明西部换取启东事件舆情时间轴

媒体报道及公众舆论反应	政府应对举措
2015年9月底	
舆情酝酿期:2015年9月底,一篇《上海将用崇明西部换取启东》的文章开始在网上流传。	

(续表)

媒体报道及公众舆论反应	政府应对举措
2015 年 9 月 28 日	
舆情爆发期：9 月 28 日，微信公众号"启东福生生活指南"发表了一篇《论启东并入上海，崇明西部回归南通——长三角政区微调、满盘皆活》的文章，引发当地网友热议。	
2015 年 10 月 12 日	
	10 月 12 日 17 时 13 分，"上海崇明"微信公众号发文辟谣："这事儿不可能！东部、西部同样精彩，都是崇明不可分割的一部分！"同时请县网络文明传播志愿者开展网络引导。
2015 年 10 月 13 日	
10 月 13 日，上海观察以"崇明西部换启东？谣言是如何出笼的"为题，就谣言的来龙去脉进行分析。《东方早报》刊发题为"崇明西部置换江苏启东？不可能"的报道，引用专家的观点，再次论述"这不可能"。新民网、《青年报》、上海电视台《上海早晨》栏目也作了类似报道。	
	10 月 13 日 9 时 42 分，"@上海崇明"官方微博发消息："网传崇明东部西部要分开？开玩笑！"再次辟谣。
在官方辟谣信息发布后，仍有部分网友将信将疑："辟谣了辟谣了，一辟谣那基本上就是真的了"；"一觉醒来闸北区变静安区，前车之鉴啊"。	
2015 年 10 月 14 日	
	10 月 14 日 16 时 57 分，"上海崇明"微信公众号以"如此不靠谱的传言是怎样出笼的"为题，转发了上海观察的相关文章，再次进行深度辟谣，得到广泛阅读和转发。

(续表)

媒体报道及公众舆论反应	政府应对举措
2015 年 10 月 18 日	
10月18日,《现代快报》刊发了题为"崇明岛上的江苏飞地"的报道,从地理、现状、历史、联系与冲突、融合等几个角度,着重介绍了崇明岛上江苏的两个乡海永乡和启隆乡。报道还指出:"在出现'崇明换启东'的假新闻后,南通市专门出台了文件,将海永、启隆两乡撤乡设镇。这足够说明态度。"	
舆情平息期:随着"@上海崇明"官微的多次辟谣及众多传统媒体的跟进报道,该舆情逐渐平息。	

三、 媒体及公众舆论主要观点

1. 媒体报道主要观点

（1）在谣言滋生的初始阶段,10 月 10 日,看看新闻网首先对该事件进行了报道,认为是房地产网站用"想象政策"赚眼球的炒作。报道指出,注意下发布的微信公众号"凤凰房产"就知道又是房地产商下的棋了,并指出崇明宣传部表示没有辟谣口径,但明确表示"这不可能"。

（2）在谣言发酵阶段,新民网、上海观察、《东方早报》、《青年报》、上海电视台等众多媒体转载官方辟谣内容,认为该谣言不靠谱。上海观察以"崇明西部换启东？谣言是如何出笼的"为题,就谣言的来龙去脉进行分析。《东方早报》刊发了题为"崇明西部置换江苏启东？不可能"的报道,引用专家的观点,再次论述"这不可能"。新民网、《青年报》、上海电视台《上海早晨》栏目也作了类似报道。

（3）在舆论逐渐回落阶段,10 月 18 日,《现代快报》刊发了题为"崇明岛上的江苏飞地"的报道,通过分析崇明的地理位置,进一步澄清传言,就崇明的发展前景作出预测。此报道主要从地理、现状、历史、联系与冲突、融合等几个角度,着重介绍了崇明岛上江苏的两个乡——海永乡和启隆乡,称:"在出现'崇明换启东'的假新闻后,南通市专门出台了文件,将海永、启隆两乡撤乡设镇。这足够说明态度。"

2. 公众舆论主要观点

（1）从消息传开至10月12日10时，网民在各类论坛发布评论，绝大多数网友认为该消息不属实，认为是某房地产商在炒作。网民称："拿崇明西部和启东做交换，完全是一小撮别有用心的启东人用了移花接木的手法在杜撰启东并入上海的黄粱美梦"；"这不是学术报告，这是赤裸裸的房产广告，房产商花个万把块就可以搞定的事情"。

（2）10月中旬，在谣言纷纷扬扬传播的时候，"上海崇明"微信公众平台先后4次公开进行辟谣，明确表示这事不可能，同时提醒网民不要因此事影响生活。10月12日首次辟谣微信阅读量达36 159人次，转发2 490人，评论59条，114人点赞。10月14日转发了上海观察的深度分析文章，进行深度辟谣。

（3）在政府通过微信公众平台进行多次辟谣后，仍有部分网友将信将疑，认为空穴来风，未必无因。"之前网上早就传说静安和闸北合并了，后来政府发话了说是谣言，不过现在这个谣言已经是事实了，希望现在崇明东部和西边分开是真正的谣言。"

（4）在政府最后一次辟谣后，部分网友抱怨政府忽视崇明发展。"崇明人民要发展、要生存，你倒是发展发展啊"；"生态岛也得工作吃饭，工业不发展，旅游项目也不落地，难道只靠开出租和种地？不如整体归江苏更有潜力"。

四、舆情应对分析

"上海将用崇明西部换取启东"这一谣言首先是在微信朋友圈广泛流传，后成为各大论坛热议的焦点，崇明官方第一时间借助微信平台发布辟谣信息，之后传统媒体开始跟进，随着辟谣信息的广泛报道，舆情逐渐平息。总体来说，崇明政府的应对是及时、快速和高效的。

第一，相关部门的回应较为及时，态度明确、坚决，有效遏制了谣言的进一步传播。

相关谣言在微信朋友圈流传后，崇明政府的微信公众号"上海崇明"及时发布辟谣信息："各位亲，千万不要因为这样的传言影响了自己的生活，安心睡觉吧，这事儿不可能！"态度明确，观点鲜明。在部分网友仍将信将疑的情况下，10月14日，相关部门再次通过上海观察的深度辟谣文章，进一步辟谣，质问"如此不靠谱的传言是怎样出笼的"，辟谣微信被粉丝广泛转发和点赞。

第二，在不同的媒介平台，综合运用《东方早报》、上海电视台等传统媒体、上海观察、看看新闻网等网络媒体，微信、微博等社交媒体，对谣言进行立体式辟谣，使得辟谣信息有效到达各类人群，有效粉碎了谣言。

政府在发布辟谣信息时，要注重发挥社交媒体的作用，但是不能仅仅使用社交媒体，而要综合运用多种媒介，实现立体式传播。不同的人群有不同的媒介使用习惯，只有立体使用各类媒体平台才能提高辟谣信息的到达率，实现传播效果的最大化，有效粉碎谣言。

第三，作为谣言涉及的两大主体——崇明政府和启东政府，两者应该做好沟通，共同发声，通过两方面公开一致的澄清和表态，增强辟谣信息的说服力，扩大辟谣信息的传播范围。

在此事件中，崇明县政府新闻办公室分别通过官方微信和官方微博多次发布辟谣信息，而启东官方对这一谣言则一直没有正式表态。在谣言满天飞时，一方的积极辟谣和另一方的沉默形成鲜明对比，有可能引发网民和媒体的猜测和质疑。作为涉事的两大主体，应当进行更多的互动和呼应，形成合力，共同辟谣。这样不仅能够增强辟谣信息的说服力，而且可以扩大辟谣信息的传播范围，在更短的时间内粉碎谣言。

"10·12"松江大学城疑似抢小孩事件

一、事件介绍

2015年10月12日晨,一条名为"松江大学城附近发生有人以孩子偷钱包名义抢孩子"的信息在微信、微博等新媒体平台悄然升温,引发网友关注。经查,该消息发端于一小学家长群,信息以"当事人亲述"的方式,貌似"客观"地陈述了其"亲身经历"。尽管事实表述模糊,但诸如"大学城""抢孩子"等敏感词汇,极易抢夺眼球、引发误解,一旦被一些别有用心的人利用,则有可能引发受众恐慌情绪,将舆情推向失控境地。

警方迅速启动舆情应急预案,经大量走访调查发现,所谓的"抢小孩"原来仅仅是一个误会。而正在警方调查核实该消息的同时,相关学校在未向警方证实真伪的情况下,以《告家长书》的方式,将该消息推送给每个家长,并要求"签字承诺"。校方的"广而告之"客观上"坐实"了"抢小孩"的"事实",相关消息经由学生家长转发至微博、微信,进而延伸至部分网络"大V"、微信公众号。短短数小时内,"松江大学城有人抢小孩"的言论就有爆炸性扩散的趋势。

在市公安局政治部宣传处的指导下,松江分局立即牵头指挥网安、大学城等部门开展舆情联席会议,迅速落实四项工作举措,有力澄清了不实谣言。

二、舆情发展情况分析

表29 "10·12"松江大学城疑似抢小孩事件舆情时间轴

媒体报道及公众舆论反应	政府应对举措
2015年10月11日	
舆情酝酿期:10月11日晚,上海市民朱女士在学校家长微信群中称,其孩子在松江大学城文汇路差点当街被人抢走。	

"10·12"松江大学城疑似抢小孩事件

(续表)

媒体报道及公众舆论反应	政府应对举措
舆情爆发期:自10月11日晚间起,这一消息开始在朋友圈中传播。有网友为此信息添加了"松江大学城附近发生有人以孩子偷钱包名义抢孩子"的标题。	
2015年10月12日	
10月12日,涉沪微博账号"@直播上海"发布图文帖,称松江大学城11日发生人贩抢孩子事件。帖文配图之一是涉事家长"严梦云妈妈"详述事件过程的短信截图。相关截图在微博及微信朋友圈迅速传播。	
	10月12日上午,上海松江公安分局大学城派出所发现相关消息后,迅速启动舆情应急预案,立即展开调查。
	10月12日,相关学校张贴让家长防范孩子被抢的《告家长书》,并要求"签字承诺"。
舆情发展期:"抢孩子"事件继续在网上蔓延和发酵。有网民上传学校发布的《告家长书》的图片。	
	10月12日傍晚,松江警方找到双方当事人,并组织当事双方调看监控录像,当面消除了误会,两位大学生再次表达歉意。
舆情平息期:涉事母亲在看到大学生的学生证后消除了误解,并在朋友圈澄清事实。随后,"逛松江"等微信公众号发布消息"网曝的'松江大学附近有人抢孩子案'已调查清楚,证实确实是一场有点儿离奇曲折的误会"等。	
	10月12日23时14分,上海市公安局松江分局官方微博"@警民直通车—松江"发布两条辟谣微博,称网传松江抢小孩事件系误会,事情真相是孩子不慎撞到路过的大学生,因孩子手里的钱包与学生相似,被学生误认为是小偷,拉住质问。

213

（续表）

媒体报道及公众舆论反应	政府应对举措
2015年10月13日	
10月13日起,人民网、澎湃新闻、《解放日报》陆续报道这一乌龙事件,并称警方提醒家长、网友,不要发布未经核实的信息,切勿盲目信谣、传谣。	

三、 媒体及公众舆论主要观点

1. 媒体报道主要观点

这一谣言事件在爆发初期没有受到媒体的报道,在事件真相水落石出后,才有纸媒和电视媒体对此事进行了报道。媒体主要进行了事实性报道,讲述抢小孩事件其实是一个乌龙。

（1）人民网、《解放日报》等媒体引用警方提醒,希望家长、网友不要发布未经核实的信息,盲目信谣、传谣。人民网的报道《误把孩子当小偷：上海松江"抢孩"系乌龙》、《解放日报》的报道《自称"当事人亲身讲述"致假消息在朋友圈疯传 警方查实"松江当街抢小孩"系街头误会》,除了呈现整个乌龙事件的来龙去脉,还对网友们提醒,希望大家在未经证实的情况下不要转发不实信息。

（2）澎湃新闻等媒体指出,孩子被抢的事件并非个例,家长的过度紧张可以理解。澎湃新闻的报道《上海一场误会又成抢孩子谣言,网友问孩子们何时能自由奔跑》指出,孩子险些被拐的事情并非个例,这是家长最担心的事情,虽然本次事件被证实是一个乌龙,但整个社会仍应对拐卖儿童的问题加强重视。

2. 公众舆论主要观点

（1）一些网友对家长的行为和紧张情绪表示理解。网友"@一昊宝妈"："那个妈妈的心情很能理解吧,自己的孩子莫名其妙被人家拉走,晒微信啥的也是想把自己的亲自经历告诉大家,让大家也警觉。"

（2）部分网友认为涉事大学生的行为不够妥当。网友"@Kamille_金小喵"："我觉得两个大学生也蛮滑稽的,看到人家手上钱包一样就去拉人家了？"

（3）网友认为不应在未经证实的情况下就传播不实信息。网友"@土生土长的小滑头"："很多人搞不清就开始转发,唯恐天下不乱。""@松江晓吃货"："谣言止于智者。"

四、舆情应对分析

总体来看,这次抢孩子乌龙事件,政府的舆情应急预案启动非常迅速,使得谣言在一天之内便被基本化解,有效遏制了舆情的恶化。

第一,相关部门在社交媒体舆论场及时辟谣,争取了舆论主动权,较好地控制住了舆论走向。

在快速核查事件真实情况的基础上,松江公安分局通过分局官方微博、微信,第一时间发布调查核实情况,并以长博文的形式,解剖谣言形成的全过程,迅速获得了网友的认同。相关微信8小时内阅读数近1.5万,博文被公安部、上海市局、松江区等官方微博转发,阅读数超过200万,迅速赢得了舆论话语权。此后,央视网、人民网、凤凰网、澎湃新闻、网易等网络媒体均刊发警方通报,真实信息的传播迅速阻断了谣言的蔓延。

第二,主动联系传统媒体,协调报纸、电视等多种媒介集群跟进,立体传播,着力实现舆论全覆盖。

在通过新媒体平台发布真实信息的同时,相关部门积极协调本市主流媒体进行采访报道。事发次日,东方卫视新闻报道、上海电视台新闻坊及《解放日报》《新闻晨报》等多家沪上主流媒体将监控视频、警方调查经过以及当事双方表述及时向公众公布,与新媒体相配合,扩大了受众覆盖面,立体传播权威声音。

第三,适时配发舆情点评,化危为机引发强共鸣。

为进一步延伸舆论引导效果,进一步营造"不信谣、不传谣"的舆论环境,松江分局配发舆情点评:"智能手机和社交软件的普及,让信息传递变得更加迅捷,但也为不实信息传播提供了温床。谣言,还是误解?勿让碎片信息蒙蔽了你的双眼。"上述点评引发了网友的深度思考,网友纷纷留言:"真相大白""还好是虚惊一场""要以警方调查为准""不信谣不传谣"。相信经过此次事件,公众的媒介素养会有所提升,对类似谣言的免疫力会进一步提高。

第四,在处置舆情事件的过程中,各单位应加强沟通协调,在事实未核实的情况下慎发通告,以免造成混乱局面。

在未核实事实真相的情况下,相关学校推送《告家长书》的举措不够严谨,欠缺考虑，一定程度上增加了谣言的可信性，容易引发家长和社会的负面紧张情绪，使舆情态势更趋复杂、混乱。相关单位在面对社会传言时，要首先向公安机关等权威部门核实真相，从稳定全局的角度开展应对处置。

5

社会治安类

"4·17"精神病人持刀行凶事件

一、事件介绍

2015年4月17日12时40分,上海市公安局接110报警称"西藏中路近世贸百联商厦门口有人受伤"。12时41分,在附近巡逻的民警、特警、武警迅速赶到现场将行凶者制服,将伤者送往医院救治。

随后,多位网友在微博上爆料称,上海人民广场西藏中路附近,有人持刀伤人,事件造成两人受伤。其中一则微博附有伤者满头鲜血的图片。相关微博迅速成为舆论热点,该帖被各大网媒及微博账号转发,短时间内转评达到1万余次。4月18日,上海警方通过微信公众号"警民直通车-上海"第一时间公布了最新调查结果:经初步调查,行凶者张某,男,37岁,外省市来沪务工人员。审讯中,张某思维混乱、语无伦次,经进一步查证,张某有精神病史。事件中,交通协管员方某及两名行人被张某持水果刀划伤脸部、手臂等处,目前正在医院治疗。随着行凶者系精神病人的身份和其作案动机的公布,媒体和网民的关注点发生转向,为反应迅速、处置有力的上海警方和挺身而出、见义勇为的交通协管员点赞。事件情况公布后,舆情逐渐平息。

二、舆情发展情况分析

表30 "4·17"精神病人持刀行凶事件舆情时间轴

媒体报道及公众舆论反应	政府应对举措
2015年4月17日	
舆情酝酿期:4月17日12时40分,在上海人民广场西藏中路附近,一男子持刀伤人,造成两人受伤。	

"4·17"精神病人持刀行凶事件

（续表）

媒体报道及公众舆论反应	政府应对举措
	12时41分,在附近巡逻的民警、特警、武警迅速赶到现场将行凶者制服,将伤者送往医院救治。
舆情爆发期:4月17日13时,新浪微博网友"@蒋强Mike"发帖称:"人民广场九江路路口有一名协管员被一男子持刀划伤,满头鲜血,所幸被民警制服",并附有伤者满头鲜血的图片。	
舆情发展期:4月17日下午,多位网友在微博爆料称,上海人民广场西藏中路附近,有人持刀伤人,事件造成两人受伤。短时间内转评达到1万余次。	
	4月17日下午,上海警方通过微信公众号"警民直通车-上海"第一时间公布了消息:今日中午12时40分,警方接110报警称"西藏中路近世贸百联商厦门口有人受伤"。
4月17日15时,中新社、新民网、东方网等媒体均在第一时间发出报道:上海市中心发生持刀伤人事件致三伤。	
2015年4月18日	
	4月18日上午,上海警方微信公众号"警民直通车-上海"发布消息:经初步调查,行凶者张某,男,37岁,外省市来沪务工人员。审讯中,张某思维混乱、语无伦次,经进一步查证,张某有精神病史。事件中,交通协管员方某及两名行人被张某持水果刀划伤脸部、手臂等处,目前正在医院治疗。
4月18日,澎湃新闻、《新闻晨报》等报道:人民广场一男子持刀连伤3人,协管员挺身而出受重伤,行凶者有精神病史。	

（续表）

媒体报道及公众舆论反应	政府应对举措
	上海警方积极联系中央电视台、《解放日报》、《东方早报》等主流媒体进行报道,组织当时现场处置的分局特种机动队民警接受采访。媒体对挺身而出的协管员与持刀男子搏斗的事迹,以及民警对该事件及时、果敢的处置进行了正面报道。
舆情平息期：随着警方调查结果的公布,舆情逐渐平息。	

三、 媒体及公众舆论主要观点

1. 媒体报道主要观点

（1）在事件发生当日,4月17日下午,中新社、新民网、东方网及《新闻晨报》均在第一时间报道了此事,一致认为上海警方反应迅速、处置得力。东方网以"人民广场西藏中路发生砍人事件 歹徒一分钟被制服"作为标题进行报道,《新闻晨报》的标题为"上海警方快速处置一起持刀伤人事件"。

（2）在警方公布行凶者为精神病人之后,《新闻晨报》《东方早报》等传统媒体认为本次事件是多警种协同处置的一个成功案例,上海警方处置得当,警员使用警械进行处置,不但果断而且专业。

（3）随着事件调查结果出炉,中央电视台、《解放日报》等传统主流媒体纷纷盛赞挺身而出的59岁交通协管员,认为他见义勇为的行为值得人们学习,是社会正能量的体现。

2. 公众舆论主要观点

（1）在事件刚发生时,最早传播此消息的主要是微博,网民普遍表达了对个人人身安全的担心并希望政府捍卫个人安全。不少网民发问"精神病人砍人事件频发,谁来保护无辜者安全"。

（2）4月18日,网民在天涯论坛上就此事展开讨论,部分网民认为,政府应该完善对受害者的救助和赔偿。有人发问:"真的难道我们被精神病弄伤了就只能自认倒霉吗?"

(3)随着警方对行凶者调查结果的公布,广大网民对警方的迅速反应和挺身而出的交通协管员进行肯定和赞扬。网友纷纷表示"民警好样的,遇到危险挺身而出","关键时刻还得靠警察"。

四、舆情应对分析

第一,"4·17"事件发生后,上海警方本着实事求是的态度在第一时间通过其微信公众号向社会通报情况,做到了以我为主、抢占先机、先声夺人,掌握话语主动权,谣言的滋生被有效遏制。

事件发生后,各种猜测和谣言在微博、微信上持续发酵。结合当前复杂的社会治安形势,不少网民猜测:此事是否是暴力恐怖事件?是否是有预谋、有计划的?

上海警方监测到相关舆情后,通过其微信公众号及时发布了权威消息,澄清了事实。在得出初步调查结果——行凶者系精神病人后,上海警方及时公布了这一最新调查结果,遏制了各种谣言和猜测,使得网上负面舆论逐渐回落。

第二,搭建警媒沟通平台,及时通过主流媒体发出官方声音,塑造公安民警处置果断、及时保护人民生命财产安全的正面形象。

通过主动开展媒体宣传,公众对警方的态度与具体作为有了更深入的了解,对警方逐渐理解和认同。在"人民广场有人持刀伤人"这则消息在微博上广泛传播后,警方第一时间协调《东方早报》、澎湃新闻对事实情况进行报道,发出官方声音。事件发生次日,在得出初步调查结果后,上海警方不但及时向媒体通告最新调查情况,而且积极联系各大主流媒体记者,如中央电视台、《解放日报》、《东方早报》等到事发地派出所对事件处置进行现场报道。上海警方还组织当时现场处置的分局特种机动队民警接受了采访。

基于现场调查,各大媒体围绕民警在处置该事件时表现出的及时、果敢,以及协管队员见义勇为的行为进行了正面报道。通过这些报道,公众对警方的处置过程有了更深入的了解,对警方的处置方式表现出理解和赞赏,舆论态势逐渐向正面方向发展。

第三,上海警方及时准确预判了舆论动向,制定了引导方案,通过网民上传的民警现场处置视频等材料,围绕焦点问题设置议题,有效占领了舆论高地,掌控了舆论导向。

上海警方准确预判了舆论关注的焦点是作案者的作案动机和现场民警的处置行为。针对公众关注的焦点问题,上海警方立即制定引导方案,将"嫌疑人曾有精神病史"以及"民警现场处置不到1分钟"作为核心宣传点,利用自身微信公众号进行转评。同时,上海警方协调各大网络媒体,对网民上传的民警现场处置的视频进行转发。此视频一经扩散,公共舆论一致转向"点赞"警方的合理处置与交通协管员的见义勇为。通过聚焦与回应公众最关切的问题,上海警方在此次事件中牢牢掌握住了舆论的主导权,也塑造了良好的公安网络形象。

6

校园教育类

小学生为女教师撑伞门事件

一、事 件 介 绍

2015年4月30日晚,新浪微博用户"@hellhell"贴出一组学生给老师打伞的图片称:"现在的老师也真是牛了。"这组图片共三张,显示一位老师不管是站着、坐着还是行走中,总有一位背着书包的学生为其打伞。相关图片经网络"大V"传播和媒体报道的介入,引起了网民们的围观和热议。网民普遍持负面态度,并要求"人肉"涉事教师,相关舆情逐渐升温。

5月5日,"撑伞门"事件被多家媒体报道。上海教委、宝山教育局、涉事学校及教师分别通过不同平台对事件作出解释,回应了各方关切。在回应中,教育部门承认了照片的真实性,并对事发当时的情况作出说明,对涉事教师进行批评教育。教育部门表示,将以此为鉴,对各区县教育局加强师德师风教育宣传,营造师生相互关爱的和谐氛围。之后,媒体对"撑伞门"事件的解读和评论呈现出积极谅解的态度。官方的积极回应得到了多数网民的认可,舆情渐趋平息。

二、舆情发展情况分析

表31 小学生为女教师撑伞门事件舆情时间轴

媒体报道及公众舆论反应	政府应对举措
舆情酝酿期:宝山区顾村中心校的一名小学生为老师撑伞,被拍照。	
2015年4月30日	
舆情爆发期:2015年4月30日,新浪微博用户"@hellhell"发布图片帖文:"现在的老师也真是牛了。哪个学校的老师啊,敢情你是国家领导人了?"并@了一些沪上政务微博、媒体人,以及知名草根账号。博文所附三张图片显示一名穿校服的男生在公共场合为一位疑似教师的女士打伞。	

（续表）

媒体报道及公众舆论反应	政府应对举措
2015年5月1日	
5月1日,一些上海微博"大V""@脊梁in上海""@上海事体""@鋼筆樣子"等先后转发或再次发布相关图片引发网民的集中关注,网民对此事普遍持批评和指责态度。	
2015年5月4日	
舆情发展期：5月4日,新浪微博知名用户"@Happy张江"发布相关微博再度引起舆论关注。同时,新浪微博出现事件相关微话题"#网曝最霸气老师#",热度持续攀升。同日傍晚,沭阳网、《齐鲁晚报》、华商网等相继报道了该事件,内容为网民"@hellhell"爆料内容和图片。"@新闻晨报"、"@成都热门搜罗"、"@李铃铛"（知名社会时政博主）等在新浪微博相继发布博文,相关报道及博文均未提及事件所属地域为上海,亦未提及具体涉事学校。	
2015年5月5日	
5月5日上午,网易、人民网、环球网等以"网传小学生为女教师打伞遮阳,被称'最霸气老师'"为题,以网传"撑伞"图片为基础,简要报道该事件,仍未涉及地域与学校信息。	
	5月5日中午,上海市教委相关负责人回应南都记者称,已要求各区县教育局积极排摸、确认事实,同时要求加强师德师风宣传。
舆情发展期：5月5日12时28分,《南方都市报》以"上海市教委排查网传'学生出游为教师打伞'一事"为题,发布报道称："有网友称,事发地疑似上海和平公园。上海市教委相关负责人告诉记者,该委已要求各区县教育局积极排摸、确认事实,同时要求各区县教育局加强师德师风的教育宣传,积极营造师生相互关爱的和谐氛围。"	

小学生为女教师撑伞门事件

(续表)

媒体报道及公众舆论反应	政府应对举措
	5月5日17时许,宝山教育信息网发布上海教育局公告《有关本区"学生为教师打伞"事件的公告》称:我局注意到近日网传"学生为教师打伞"的相关信息后,立即排查确认当事者为本区顾村中心校的老师。经调查,学生为教师打伞一事属实,我局责成学校对其进行批评教育。
5月5日17时15分,新浪微博"@东广新闻台"也发文称:"经查,这名女教师来自宝山区顾村中心校。校长赵斌在做客直播节目中介绍说:学校已经对此提出严肃批评,当事的老师也认识到这个行为是相当不妥当的,认识到了事情的严重性,做了深刻的检讨。"当晚,东方网、环球网等网媒就官方回应内容进行跟踪报道。	
5月5日23时22分,澎湃新闻发布《"学生撑伞事件"女教师哭诉经过:我错了,但请不要攻击孩子》的报道,对话当事教师,称女教师认识到错误并希望得到大家的原谅。随后,新浪微博"@人民网""@光明日报""@陈宗鹤先生"等媒体、个人用户也先后转载发布相关内容。部分网民表现出理解"撑伞"行为的态度,社会舆论对网络暴力进行讨论。	
舆情平息期:随着涉事教师的道歉以及事件全面信息的公布,相关事态逐渐平息。	

三、媒体及公众舆论主要观点

1. 媒体报道主要观点

在事件爆发的初始阶段,媒体报道主要集中于对图文信息的简单陈述,属于事实性报道。至查明事件发生原委、政府部门予以回应后,媒体针对这一现象进行了评论,主要观点有:

(1) 东北新闻网、四川新闻网等媒体呼吁加强师德建设,倡导师生之间建立对等尊重的关系,如《"最霸气老师"不只是霸道》(东北新闻网)、《最霸气女教师打伞风波,提醒要注意教育细节》(四川新闻网)、《学生"自愿"打伞老师怎能心安理得》(《生活日报》)等。

（2）光明网、荆楚网等媒体则建议通过此事件反思应试教育体制下师生之间的关系,以及应有怎样的教育理念等,如《"最霸气老师"不该是教育的替罪羊》(光明网)、《别把板子都打在"霸气老师"身上》(荆楚网)、《"学生给教师撑伞",刺痛了谁?》(未来网)等。

（3）《新华日报》、东方网等媒体评论抨击了教师的官本位思想,关注学生功利心的危害,如《"霸气"女教师,摆的什么谱》(《新华日报》)、《莫让"为教师打伞"长成"为领导打伞"》(东方网)、《学生"自愿"打伞夹杂多少功利?》(红网)等。

（4）《长沙晚报》、搜狐网等媒体则呼吁应在全面理解事件背景的前提下,正确看待和谐的师生关系,避免将事件上纲上线,如《学生给老师打伞,有图未必有真相》(《长沙晚报》)、《"小学生为教师打伞"千万不能上纲上线》(搜狐教育)、《学生给老师打伞,错在谁》(扬子晚报网)等。

2. 公众舆论主要观点

（1）舆情爆发阶段,负面言论集中爆发。网民们对此事表示愤怒,询问事发学校,并要求对涉事教师进行"人肉"。"这老师也太过分了!自己不打伞,反而让学生帮忙撑伞,好重的官僚气,人肉出来,让大家看看她的嘴脸。"同时,有网民质疑上海教师队伍的整体素质,对教育现状表示担忧,甚至借个体事件攻击整个教师群体。"现在上海老师的素质真是让人不敢恭维啊。""是不是一般的学生还轮不到给老师打伞?是不是那个学生还无比的自豪?嗯,这就是我们教育的现状!"

（2）针对涉事教师解释此次事件中的学生是"自愿打伞"的说辞,一些网友表现出质疑与不满,认为教师的行为确实不妥,应严肃处理。"让比自己矮一个头的小学生给自己打伞,太刺眼!太霸道!太无理!即使小学生主动为其打伞,她也该主动拒绝。"

（3）官方回应后,出现了一些对"打伞"表示理解的正面言论。部分网民呼吁理性看待撑伞事件,孩子的行为是尊师重教,应进行换位思考并给予理解,并抨击媒体歪曲报道、小题大做。"如果这老师很受学生尊敬,学生自愿为其打伞我觉得没问题。""是没新闻了吗?人家老师学生关系融洽撑个伞还要放个新闻让大家骂一骂。朋友之间关系融洽给撑伞怎么没见人放上新闻。"

四、舆情应对分析

在这次"撑伞门"事件中,总体来说相关部门对突发负面舆情的处置较为主动,使舆情得到稳定控制,但是在反应速度、信息沟通渠道和信息监管方面仍有值得总结之处。

第一,面对负面舆情,相关部门没有推诿和否认,而是主动面对、有序应对,较好地遏制了相关舆情的持续恶化。

面对媒体的采访,相关部门没有推诿否认,而是要求各区县教育局积极排摸、确认事实,同时要求各区县教育局加强师德师风的教育宣传,积极营造师生相互关爱的和谐氛围。《南方都市报》的报道《上海市教委排查网传"学生出游为教师打伞"一事》呈现了相关部门的态度和举措,一定程度上遏制了负面舆情的持续发酵。

在之后的事件回应中,相关部门采取了逐级回应的策略,从市教委的媒体回应,到区县教育局的官方公告,到学校的广播节目访谈,再到涉事教师的专访道歉,所有的涉事单位和个人都从不同层面进行了解释和回应,表明了自己的态度,让公众了解到上海市教育部门对此事的高度重视和系统性的反思与整改。

第二,涉事教师接受澎湃新闻采访表示道歉,同时也还原了事件的背景和真实场景。此一举措使公众重新审视该事件,对"有图无真相"的舆论暴力展开了反思,舆论态势出现转向。

在舆论聚焦的最高峰,涉事教师并没有逃避媒体"躲风头",而是接受了澎湃新闻的采访,一篇《"学生撑伞事件"女教师哭诉经过:我错了,但请不要攻击孩子》的报道引发了舆论态势的转向。在采访中,涉事教师还原了事件的背景和真实场景,事件的真实情况并不像部分人想象的图景,"打伞"其实是师生关系和谐的体现。在表达歉意的同时,涉事教师着重强调希望舆论不要攻击小朋友,自己很担心单纯的他们会受到影响。

在此之后,一些媒体和舆论领袖开始对此事件进行反思,呼吁从善意角度看学生为老师打伞,同时对简单粗暴、片面偏执的舆论暴力进行了批判,舆论倾向和关注点都发生了转变。

面对舆情危机,最忌逃避推诿。直面舆论、公开事实、真诚、善意地进行回应才能扭转舆论态势。

第三,建议相关部门提高舆情风险意识,发现舆情风险点后及早进行排查和应对,将舆情风险扼杀在萌芽阶段。

总体来看,此事件为一起典型的由普通网民曝光,之后借助微博舆论领袖传播扩散,再吸引媒体关注报道,最终酿成重大舆情的网络事件。

这一事件从4月30日爆出,到5月5日达到高潮,却并未引起相关部门的警惕和重视,造成负面舆情不断升温,在媒体介入报道后,上海市教育部门已陷入非常被动的局面。

建议相关部门在发现舆情风险点后要尽快开展应对处置工作,控制负面舆情的传播范围,尽量将舆情风险扼杀在萌芽阶段。

考生反映松江中考点听力有杂音事件

一、事件介绍

  2015年6月15日,松江区部分家长和考生反映,6月14日中考松江一中考点英语科目听力考试过程中,杂音较大,导致部分试题无法听清。接报后,松江区教育局即调查核实,并向中考指挥部进行汇报。市中考指挥部随即成立专家调查组开展调查。16日,专家调查组赴松江一中考点调查,就考生、家长所反映的情况向主考、监考及设备负责人进行核查,并调阅相关视频资料。结果显示,第23考场1名考生因个人身体原因情绪失控,影响同考场考生。主考按相关规程,报市中考指挥部同意,在英语科目正常考试结束后,启用备用磁带,组织该考场考生重听了受影响部分的内容。17日,市教育考试院发布《市中考指挥部专家调查组关于松江一中考点英语听力播放音效问题核查结果》称,"松江一中考点考务管理工作符合规定,听力播放设备工作正常。考点相关考场视频监控显示,听力时段考生答题状态正常。该考点对突发情况的应急处理符合规定程序"。

二、舆情发展情况分析

表32 考生反映松江中考点听力有杂音事件舆情时间轴

媒体报道及公众舆论反应	政府应对举措
2015年6月15日	
舆情爆发期:2015年6月15日9时许,松江茸城论坛用户"图图001"发帖称,14日中考英语期间,松江一中考点的英语听力设备有问题,在开考后有杂音,还在调试,严重影响考生考试发挥,呼吁教育局、松江考试中心组织重考。	

(续表)

媒体报道及公众舆论反应	政府应对举措
舆情发展期： 6月15日18时30分，上海电视台新闻综合频道对该事件进行了报道。在报道中，松江一中一校长和松江教育考试中心一负责人表示，考场设备没有问题，反映问题的只是一个考点的一小部分家长。市教委表示，对此事高度重视，目前已介入调查。	
2015年6月16日	
	6月16日，市中考指挥部派出英语听力监听专家组赴松江一中考点了解情况并监听相关录像资料。核查初步结果显示，该考点内听力部分出现的微弱电流声并未对收听英语听力效果造成影响。考生可以正常完成英语听力收听，松江一中考点的考试处置工作正常。
18时45分左右，上海新闻综合频道对"中考松江一中考点英语听力出现问题"一事进行了跟踪报道。区教育局在该报道中回应称，广播有轻微杂音，不影响正常答题，并解释了23考场重听听力的原因。教育考试院也表示将进一步还原监控视频中的声音来评判听力情况。	
6月16日，《新闻晨报》刊发《考生反映松江一中考点听力有杂音 松江区教育局：未发现有影响考试的异常声音》，《新民晚报》刊发《松江一中考点英语听力有杂音？》，在报道中均引用了松江区教育局的官方回应。	
2015年6月17日	
	6月17日15时10分，上海市教育考试院官微"@上海国子监"发布长微博"上海市中考指挥部专家调查组关于松江一中考点英语听力播放音效问题的核查结果"，称"一是松江一中考点考务管理工作符合规定，听力播放设备工作正常。二是该考点相关考场视频监控显示，听力时段考生答题状态正常。三是该考点对突发情况的应急处理符合规定程序"。

(续表)

媒体报道及公众舆论反应	政府应对举措
2015年6月18日	
6月18日,《解放日报》在《中考松江考点听力音效没问题》中报道了市教育考试院发布的市中考指挥部专家调查组关于松江一中考点英语听力播放音效问题的核查结果。	
舆情平息期：随着专家调查组关于松江一中考点英语听力播放音效问题的核查结果公布,公众舆论逐渐平息。	

三、媒体及公众舆论主要观点

1. 媒体报道主要观点

媒体报道主要为陈述性、事实性报道,评论性报道较少。

(1) 报道事件基本情况,如《考生反映松江一中考点听力考有杂音》(《新闻晨报》)、《上海市中考松江一中考点英语听力播放设备异常》(上海电视台新闻综合频道)。

(2) 报道官方回应情况,如《松江一中考点考试处置工作正常》(《新民晚报》)、《松江一中考点英语听力疑现故障,市教委介入》(新民网)、《松江一中中考英语听力遭干扰？专家组：无异常声音》(《松江报》)、《上海市教育考试院：核查显示中考松江一中考点英语听力播放设备正常》(上海电视台新闻综合频道)。

2. 公众舆论主要观点

(1) 新浪微博用户"@天涯-茸城子凡"发布博文称："上海市松江区,松江一中考场英语听力出问题了,根本听不清,据说周围有信号干扰。三十分啊,足以影响孩子的一生！听说有的孩子出来当场就哭了。有一位老师的女儿说,电台像炸了一样,听力算毁了。一中适合做考点吗？究竟是什么原因？教育局总得给个说法吧。大家帮忙转起！"此微博获得30余条评论,100余次转发(已删除)。

（2）多数微博回帖反映英语听力考试确实存在问题，松江茸城论坛用户"刘刘0607"说，自己的孩子当场向老师反映听力有很多杂音，老师随即也向上汇报了，告诉孩子就这样，"难道没有应急预案吗？这么重要的考试，影响多少孩子，谁来负责？"

（3）部分网民要求追查听力故障的责任，"对责任人的处罚还是必要的"。

（4）少数网民呼吁家长采取行动，"把情况发教育局官网、教育考试中心和区长信箱"，"建议把这些孩子都集中起来，到教育局对质"。

（5）还有网民不满官方回应，微博用户"@吳儂軟語話上海"表示："我才不想听你们这种想推卸责任的领导的回复！要听听监考老师和参与考试的考生的回应！"

四、舆情应对点评

第一，相关部门应根据自己的工作情况，梳理舆情监测的"专属清单"，进一步加强对区域性资讯论坛及行业类论坛的舆情监测，做好舆情预警工作。

该事件最先由网民在松江茸城论坛爆料，网民的讨论也有相当一部分集中在该论坛。在进行舆情监测时，除了要关注新浪微博等大的社交平台，对一些区域性论坛以及行业性论坛也要给予重点关注，这些论坛往往会成为许多舆情事件的始发源头。包括教育部门在内，各政府部门应当根据自己的工作特点，制定舆情监测的"专属清单"，对重点人群和重点舆论场进行集中监测，争取做到舆情早发现、早处置，将舆情风险扼杀在萌芽期。

第二，相关部门回应及时，应对效果较为显著，但仍有部分网友对于官方声明持有异议。对于仍存争议的问题，相关部门要勇于面对，与公众进行直接沟通，通过提供更具说服力的证据，将问题彻底解决。

总体来说，市教委、市教育考试院、松江教育局、松江考试中心、松江一中等多个职能部门与单位协同合作，回应较为及时，较好地控制了舆情的发展态势。

然而面对相关部门公布的调查结果，仍有一些学生家长和网友表示不相信、不接受，有网友鼓动家长"建议把这些孩子都集中起来，到教育局对质"。面对质疑，一方面，相关部门要表现出真诚、平等沟通的姿态，除了发表公开声明，还应通过网络渠道与现实渠道与相关家长和学生进行直接交流，消除当事人的异议；另一方面，相关部门需要拿出切实的证据进行回应，如当时的监控录音等，这样才能真正让公众信服，使舆情平息。

崇明裕安小学学生疑因装修污染引发身体不适事件

一、事件介绍

9月24日,裕安小学安通路新校区部分学生出现身体不适,主要症状为头晕、身体红疹、呕吐等。经县疾控中心应急检测,该校教室内空气甲醛、氨两项指标超标。这一事件引起新闻媒体的争相报道,社会关注度极高。

县委、县政府主要领导高度重视,采取了暂停新校区使用转移至老校区上课、组织学生体检、展开检测工作、启动责任调查等措施。然而在事件的处置过程中,相关部门对事件隐患的风险预估不足,一些处置措施较为拖沓、敷衍,没有满足涉事家长的诉求,致使事件恶化,引发了一系列群体性事件和负面舆情。

二、舆情发展情况分析

表33 崇明裕安小学学生疑因装修污染引发身体不适事件舆情时间轴

媒体报道及公众舆论反应	政府应对举措
2015年9月24日	
舆情酝酿期:9月24日上午,裕安小学(安通路校区)三(3)班有一家长致电学校,称孩子出现咽喉、眼部不适等症状,必须带孩子至上海新华医院看病。下午,该家长来电诉说疑因学校新装修引起该学生身体不适。	
	9月24日22时57分,县教育局报告相关情况后,县委书记马乐声、县长唐海龙高度重视,明确指示密切关注裕安小学事件,迅速查明情况。

崇明裕安小学学生疑因装修污染引发身体不适事件

（续表）

媒体报道及公众舆论反应	政府应对举措
2015 年 9 月 25 日	
舆情爆发期：25 日早晨，近百名家长聚集学校。家长主要提出三个诉求：一是要求相关机构重新对学校环境进行检测；二是要求对学生进行体检；三是要求迁回老校区就学。	
	25 日 8 时，县长唐海龙召集相关部门召开紧急会议，启动应急预案，就问题原因、解决办法等进行专题研究，展开相关工作。下午，县疾控中心即时对学校教室内的空气质量进行应急检测，并邀请学生家长代表参与采样；县教育局调查、统计缺课学生情况，落实学校组织家访、补课；陈家镇政府、县信访办和县公安局配合教育部门做好家长情绪安抚工作。县新闻办介入，收集相关情况，密切关注舆情动态，指导相关部门准备新闻应对。
2015 年 9 月 26 日	
	9 月 26 日 8 时，县长唐海龙召集相关部门再次召开专题会议，研究部署相关工作。
9 月 26 日，上海电视台记者至崇明对此事进行采访。	
县新闻办负责人与上海电视台新闻中心负责人以及上海电视台记者进行联系沟通，建议该电视新闻延后一天，待检测结果出来后再播出，上海电视台采纳其建议。	
9 月 26 日晚，看看新闻网刊发题为"崇明裕安小学孩子们成片病倒，原因究竟是什么？"的新闻报道，称崇明环境监测和卫生疾控部门已经介入调查。	
2015 年 9 月 27 日	
舆情发展期：9 月 27 日，中央电视台上海记者站、新民网记者至崇明采访，并提出采访县卫生部门的要求，希望能看到应急检测报告。	

(续表)

媒体报道及公众舆论反应	政府应对举措
	9月27日上午，县新闻办请示相关领导后认为有必要把检测结果向社会公开，当即协调县疾控中心接受采访。县疾控中心给出初步检测结果。
新民网在9月27日12时20分刊发最新报道《崇明裕安小学38人身体不适入院 疑新建校舍甲醛超标》，在17时31分刊发新闻《崇明疾控中心证实裕安小学教室甲醛和氨超标》，两篇报道引起国内主要网媒转载。上海电视台新闻综合频道当晚作了相关报道。	
	9月27日13时30分，县长唐海龙召开相关部门专题会议，部署落实下阶段工作措施；暂停使用裕安小学（安通路校区），所有学生转移至老校区就读，县教育局立即启动转移工作；对学生进行跟踪随访；向家长及社会通报事件进展情况；启动原因调查和责任调查。县新闻办主动联系《解放日报》刊登事件发生和处置情况相关报道。"@上海崇明"政务微博于当晚发布首条消息，回应社会关切。
2015年9月28日	
9月28日，《解放日报》刊发了题为"崇明一小学部分学生身体不适，初步确认新校舍甲醛和氨超标 所有学生今日转至老校区就读"的报道，对事件进展情况进行介绍。《新民晚报》《新闻晨报》《青年报》《上海法治报》等媒体也作了相关报道。舆情明显降温。	
	9月28日，相关部门将安通路新校区学生全部转移至北陈公路老校区上课。县新闻办"@上海崇明"政务微信、微博第二次发布"学生转移到老校区上课"的消息，并请县网络文明传播志愿者队伍开展网络舆论引导。

(续表)

媒体报道及公众舆论反应	政府应对举措
2015 年 9 月 29 日	
9 月 29 日，《新闻晨报》刊发《崇明一小学甲醛、氨超标，全校今起搬回老校区上课》的追踪报道《施工木匠称橱柜免漆板材有检测报告》，对橱柜制作木匠和板材生产厂家进行了采访。	
	9 月 29 日，县市场监管局会同建投公司、相关建设单位以及家长代表共同对学校教室内的橱柜、窗帘以及操场塑胶跑道材质进行取样封存后，送市级检测机构进行检测；县教育局组织上海国宾体检中心前往裕安小学开展学生体检。
2015 年 9 月 30 日	
	9 月 30 日，县新闻办"@上海崇明"政务微博发布第三条消息，主要内容为县教育局组织学生赴肺科医院进行针对性体检。
2015 年 10 月 9 日	
10 月 9 日 18 时左右，多个微博以及论坛账号发布图文帖称，"崇明裕安小学部分教室甲醛严重超标，导致很多学生送医治疗，此事发生后，当地部门承诺会严肃处理，但事情已过将近一月，校方仍没有合理解释。孩子不仅没有好的教育环境，而且还要遭此伤害，学生家长已绝望到轻生，为何此类事件频频发生？请当地部门严肃处理"。配图显示，众多家长站在教学楼楼顶。消防员也已做好必要的风险准备工作。	
2015 年 10 月 10 日	
10 月 10 日，《新民晚报》在第 A07 版刊发了题为"新标准出台四年有余，却有学校仍按老标准验收——教室装修空气检测偷打'擦边球'"的报道。	
	县教育局对家长诉求进行一一回应，发布《裕安小学安通路校区因甲醛超标事件学生医疗费报销及有关补贴的暂行规定》。

(续表)

媒体报道及公众舆论反应	政府应对举措
2015年10月15日	
10月15日,《新民晚报》发表题为"崇明裕安小学甲醛超标后续:校方赔偿未兑现引不满"的报道,称家长对学校的告知书表示不满,认为学校对什么算"权威医疗机构"、具体中毒处理标准、赔偿时间表等没有确切的答复。校方表示要等待上级处理,政府将继续调查此事发生的原因与问题。新华网等各网媒发布、转载这一新闻。	
2015年10月27日	
10月27日,新浪微博网友"@小小鸟婆娑"发帖称:"上海市崇明县陈家镇裕安小学安通路校区新装修因甲醛和氨超标,导致大部分学生出现不同程度中毒反应,校方迟迟不予处理,家长经多次反映无效,今导致多名家长长跪学校门口请求校方给予解决方案。求扩散!"	
2015年11月2日	
11月2日,新浪微博网友"@永恒的那抹蓝"于9时左右发表图文帖称,"崇明教育局门口,家长们在要公道,应该是陈家镇学校甲醛超标事件的后续"。图片显示众多人士围堵在某单位门口,不少群众高举"严惩黑心工程"的木牌。11时27分,网友发表的图片显示众多人士手持条幅,内容为"学校甲醛超标无耻!学生健康谁来保障!"	
11月2日19时30分左右,新浪微博账号"@狮子心中的远方"发帖指出:"裕安小学新校区甲醛超标事件至今没有明确的回复,许多家长被逼无奈欲走极端。今晚教育局的大门都关了,上访的家长全部被关在里面,有一位老人还忘记了带药!希望相关部门给予所有受影响的家庭一个合理妥当的回复!"(已删除)	
截至11月2日21时,相关微博转发30余次,评论较少。尚无微信公号传播家长维权事。	

（续表）

媒体报道及公众舆论反应	政府应对举措
2015年11月3日	
11月3日,崇明教育局家长聚集,网上舆情平稳,多数微博已被市网信办删除。	
2015年11月5日	
截止到11月5日,本事件仍未了结,相关舆情仍在发酵。	

三、 媒体及公众舆论主要观点

1. 媒体报道主要观点

（1）在事件初始阶段,新民网等媒体主要聚焦学校学生病情,探究原因,怀疑新建校舍甲醛超标。同时,媒体指出当时学校的竣工验收检验显示合格,学校校长称学生将回老校区上课。

（2）在相关舆情爆发后,相关媒体从不同视角进行采访和报道。上海电视台新闻综合频道的报道主要涉及对裕安小学部分学生、家长、校长及县教育局副局长等的采访,以及介绍监测部门和卫生疾控部门介入调查,暂停使用新校区,开展学生随访等内容。《解放日报》的报道主要涉及暂停使用新校区、启动责任调查等内容。《新闻晨报》的报道对"橱柜是由哪个厂家生产的"和"是通过什么途径进入教室的"等问题进行了追问。

（3）《新民晚报》等媒体聚焦家长诉求,对后续处置情况进行跟踪报道。《新民晚报》在10月15日发表《崇明裕安小学甲醛超标后续:校方赔偿未兑现引不满》的报道,称家长对学校的告知书表示不满,校方则表示正在等待上级处理。新华网等各网媒转载了这一新闻。

2. 公众舆论主要观点

（1）网友对受害学生和家长表示同情,希望严惩相关责任人。例如网友"@周悠然2012"称:学生们受苦了,幸好我们的政府没有回避。"要严查、一查到底。"

（2）一些网友对学校方面表达不满,主要集中在三个方面:一是怀疑学校贪污腐败；二是不满学校的新建校区行为；三是质疑为何新建学校立即投入使用。一些网友表示"贪污腐败、连小孩子也不放过"，"新成立的学校不能马上投入使用，至少通风2年"，"既然老校区还能用，弄新校区干嘛？"

（3）在事发早期，政府公开发布事件进展的阶段，一些网友对政府的信息公开表示认同。政府的政务微博"@上海崇明"在公开发布事件信息后，有一些网友肯定了政府的态度，如"@想减肥没毅力的胖纸"称，（政府）能有积极回应就是有作为的；"@CY天涯"称，突发事件面前政府还是有举措的，更是有诚意的。

（4）很多网友对环保测评单位的资质和测评结果提出质疑。有网友表示："这环评牛了，样样都符合，看来是小学生体质不合格导致的啊。""有资质的检测方照样能作假"，"据说此前竣工验收检测合格！查查，给孩子一个交代。"

（5）一些网友对施工方提出质疑。网友们表示："为了利润，不顾他人的生命和健康，这和故意伤害没有区别，能接到这种工程的和胶州路有得一拼，基本也是大事化小、小事化了。明天继续开工，继续赚索命钱。""橱柜倒霉了，回扣一级一级地拿，不用劣质材料赚啥呢。"

（6）很多网友认为质检环节中，学校、政府和环测单位之间有利益纠葛。有网友表示："环境检测这种都是假的，公家单位谁会严格地给你检测啊？混个手续，双方拿点好处就完了。""当地有关部门肯定想捞一大笔装修款，用廉价的材料装修新学校，导致甲醛严重超标，学生不同程度中毒。"

（7）在事件发展后期，一些网民对政府不作为的拖延行为表示不满和质疑，并迅速引起舆情反弹。如新浪微博网友"@永恒的那抹蓝"发表图文帖称"老百姓联民请愿"，图片显示众多人士手持条幅，条幅内容为"学校甲醛超标无耻！学生健康谁来保障！"

四、舆情应对分析

继"毒校服""毒跑道"事件之后，如今上海又曝出"毒橱柜"事件，事件引发了各方的高度关注。从传播路径来看，这一舆情事件首先通过微博微信等新媒体社交平台扩散，之后引发电视、报纸等传统媒体跟进，再经过新媒体社交平台转发传播。在事件初期，政府对该事件高度重视，反应较为迅速。但在处置过程中，处理措施比较拖沓，面对公众的种种质疑，相关部门也未能进行有力的回应。同时，相关部门未能合理满足涉事家长的诉求，对家长和媒体的态度都比较被动、敷衍，引发了一些负面舆情。

第一,在事件的初始阶段,相关部门高度重视,开展了一系列舆情应对与实际处置措施。

在事件发生后,县委、县政府高度重视,多次召开专题会议,部署具体工作。实际处置部门主动与宣传部门和舆情监管部门协调配合,保证各部门间信息对称,高效及时地进行公开回应与媒体联络。与此同时,相关部门在线下展开了一系列采样检测、学校搬迁、学生体检、补课等应对措施,希望尽量在现实层面减少舆情风险。

第二,相关部门对舆情风险的预估不足,后续处置工作不及时、不到位,未满足涉事家长的诉求,致使舆情风险逐步升级,引发了更加严重的群体性事件和更为激烈的负面舆情。

从10月初开始,由于相关部门的后续处理工作没有做细做透,对责任人的处置信息迟迟没公开,涉事家长始终无法得到满意的答复,致使事件不断升级,引发了一系列群体性事件。在新浪微博上,也有网友对相关群体性事件进行爆料,虽然相关微博没有引发大规模的次生舆情危机,但是如果问题一直无法得到解决,矛盾逐渐升级很可能会造成后果更加严重的事件。

要彻底消除舆情风险,最关键的是相关部门要转变态度,实事求是进行检测,严厉惩处具体责任人,合理满足涉事家长的赔偿等要求,把实际工作做扎实,从源头上解决此事件。

第三,在媒体应对方面,要转变不回应、不作为的姿态,主动与媒体做好联系沟通工作,向媒体积极传达正面信息,避免媒体发布负面报道,在公众舆论场中再次引燃舆情风险。

涉事家长在迟迟得不到满意答复的情况下,开始向媒体进行投诉。《新民晚报》对此事进行了后续报道:"当记者尝试联系裕安小学,拨打学校总机,对方始终以'校领导正在忙'为由挂断电话。而对于后续处理情况,对方只是表示,学校正在按照县里的部署来办事。"这种应对媒体的方式存在极大的舆情风险,一方面向公众传达了消极、不负责任的政府态度;另一方面有可能招致媒体的深入调查报道,将此事件再次引入公共舆论场。

相关部门在做好实际应对处置工作、做好网络舆情监测与应对工作的同时,要与媒体进行良性互动,主动与媒体取得沟通联系,向媒体传递政府正在积极着手处理此事的正面信息,避免媒体发布负面报道,使事件继续升级。

7

建筑违规类

上海外滩百年老建筑"被刷墙"事件

一、事件介绍

2015年4月25日,网民"@冀东骊人"在凯迪社区发布图文帖,称自己慕名去上海外滩参观优秀历史建筑,却发现有一栋历史建筑正在刷涂料和喷砂。"@冀东骊人"所指正被"刷脸"的建筑是位于四川中路广东路口的三菱洋行旧址。其发布的多张图片显示,三菱洋行大楼外墙一大半被水泥喷浆覆盖。该内容被腾讯网、东方网等多家媒体报道,引发网民关注。

事件曝光后,黄浦区及时作出回应,区新闻办联合多部门先后三次召开新闻通气会,及时向媒体通报了对广东路102号建筑违规施工的处罚情况、处罚结果、后续修复施工以及今后的保留保护工作。三次通气会内容均被上海各大主流媒体、网站报道和传播,网民未就该话题继续展开讨论,随着事件的解决,舆情逐渐平息。

二、舆情发展情况分析

表34 上海外滩百年老建筑"被刷墙"事件舆情时间轴

媒体报道及公众舆论反应	政府应对举措
舆情酝酿期:位于广东路与四川中路路口的百年老建筑懿德大楼,被人用丑陋的喷砂刷墙翻新,大楼外墙呈现出"阴阳脸"。	
2015年4月25日	
舆情爆发期:4月25日,网民"@冀东骊人"称其慕名去外滩参观优秀历史建筑,却发现一栋建筑正在刷涂料和喷漆。"看着一百多年来经过无数次战乱、动乱才保存下来的万国博览建筑群就这样被糟蹋了,心里那种无法抑制想骂娘的冲动,实在是没有办法控制得住。"	

上海外滩百年老建筑"被刷墙"事件

（续表）

媒体报道及公众舆论反应	政府应对举措
	黄浦区委宣传部舆情中心监测到该舆情后,迅速上报有关领导,并通报相关部门。
2015 年 4 月 26 日	
	4月26日,黄浦区相关部门及时派人到现场察看,对相关情况进行了公开说明。随后,中晋公司向社会道歉,并承诺将做好后续修复工作。
2015 年 4 月 29 日	
舆情发展期:4月29日澎湃新闻"浦江头条"刊发题为"上海外滩百年老建筑被粗暴刷墙,游客:无法抑制想骂娘的冲动"的报道。《新民晚报》、东方网等也对此事进行了报道。	
2015 年 4 月 30 日	
	4月30日,上海市文管局等相关单位调查后表示,黄浦区房管局和区文化局约谈了"刷墙"的中晋公司,当场送达了《责令整改通知书》,责令其立即停止施工,并责令中晋公司按照有关法律规定对大楼进行修复。
4月30日,上海电视台新闻综合频道、人民网、新华网、腾讯网等均作了相关报道,累计报道总量达100余篇次。"上海新闻""新民科学咖啡馆"等微信公众号也发布了相关文章。	
该事件在新浪微博上引发了网民热议,不少网民都对历史建筑原貌被破坏表示不满与痛心,希望社会各界都能加强对上海这些历史老建筑的科学保护。同时,也有网民对该做法进行解释,认为是正常的维修。	
2015 年 5 月 29 日	
	5月29日下午,黄浦区新闻办联合区文化局、区房管局召开新闻通气会,对广东路102号建筑违规施工的处罚情况、后续修复施工以及今后的保留保护举措进行了说明。中晋公司向社会道歉,并承诺将做好后续修复工作。

（续表）

媒体报道及公众舆论反应	政府应对举措
2015 年 5 月 30 日	
5月30日，上海广播电台、《解放日报》、《文汇报》、《新民晚报》、《新闻晨报》等沪上传统媒体以及东方网、新民网、澎湃新闻等新闻网站对此事进行了报道，累计报道总量达40余篇次。	
5月30日后，网民关注度明显降低，微博微信中也仅有个位数的少量原帖和转评。在这些转评中，网民几乎一致表达了对涉事企业的谴责。	
2015 年 6 月 5 日	
	6月5日，黄浦区召开第二次新闻发布通气会，通报外滩保护建筑违规施工事件的处罚结果：对当事人作出罚款人民币50万元的行政处罚决定。
2015 年 6 月 6 日	
6月6日，《解放日报》报道了题为"外滩保护建筑违规施工当事人被处罚款50万元"的新闻。上海电视台、《文汇报》、《新民晚报》、《新闻晨报》等沪上传统媒体以及东方网、新华网、新浪等网站也均进行了报道，累计报道总量达100余篇次，少量网民提出了建议性的评论，希望主管部门能用一些新治理思路妥善保护历史建筑。	
2015 年 6 月 9—11 日	
6月9日，《广州日报》聚焦历史建筑保护问题，认为全国各地破坏历史建筑的事件呈现高发态势，为后代保留下这些"不可移动文物"已经刻不容缓。有专家表示，目前对破坏历史建筑仅罚款的做法"治标不治本"，应"大幅提高罚款额度、罚没肇事开发商的开发权甚至必要时可以考虑入刑"。	
6月11日，中国之声"新闻晚高峰刊发报道《上海一百年建筑被"粗暴刷脸" 专家称易加速腐朽》。	

上海外滩百年老建筑"被刷墙"事件

(续表)

媒体报道及公众舆论反应	政府应对举措
2015年9月25日	
	9月25日,黄浦区召开第三次新闻发布会,通报目前建筑的清洗整改方案已确定,负责清洗工程的上海建筑装饰集团也已于9月24日进场启动施工。据悉,整改工期预计将持续近2个月。
9月25日,东方网报道了题为《外滩老大楼"洗脸"选用安全材料11月底完成》的新闻,上海电视台、《解放日报》、《新闻晨报》等沪上传统媒体和东方网、和讯网等新闻网站发布了该消息,累计报道总量为30余篇次,微博微信等平台都只有个位数的内容出现,未引起网民讨论关注。	
2015年9月28日	
9月28日,《新民晚报》《东方早报》等媒体报道,经过专家论证,该建筑外立面整改修复方案已确定,且已进入施工阶段。	
舆情平息期:随着这幢老建筑"洗脸"工程的展开,舆论逐渐平息。	

三、媒体及公众舆论主要观点

1. 媒体报道主要观点

(1)在事件爆发的初始阶段,澎湃新闻、人民网、中新网等媒体对破坏百年老建筑的行为均表示强烈谴责,认为这种做法改变了老建筑的真实面貌,造成了不可逆的影响,不利于历史建筑保护。

(2)5月29日,黄浦区召开第一次新闻通气会后,澎湃新闻、腾讯网等媒体表示外滩百年老建筑喷涂已停工,但要完全恢复原貌很难。报道引用了多名专家学者的意见,表示由于材料使用不当,完全恢复较难。同时认为喷涂事件违反了文物保护法的有关规定。要进一步健全常态化管理制度,搭建保护工作平台,将历史建筑保护纳入城市网格化管理范畴,完善对类似违规行为的快速发现、处置机制。

（3）第二次新闻发布会后，《广州日报》等媒体认为50万元的罚款太轻，指出应"大幅提高罚款额度、罚没肇事开发商的开发权，甚至必要时可以考虑入刑"。相关媒体聚焦历史建筑保护问题，认为全国各地破坏历史建筑的事件呈现高发态势，为后代保留下这些"不可移动文物"已经刻不容缓。并引用专家观点：目前对破坏历史建筑仅罚款的做法"治标不治本"，应"大幅提高罚款额度、罚没肇事开发商的开发权甚至必要时可以考虑入刑"。

（4）第三次新闻发布会后，9月28日、29日，《新民晚报》《东方早报》等媒体认为经过细致"洗脸"后，老建筑有望恢复原样。报道称经过专家论证，该建筑外立面整改修复方案已确定，且已进入施工阶段，外滩建筑有望回归本色。黄浦区对外发布了广东路102号大楼整改施工进展，已委托具有相关专业资质的公司负责清洗整改工程，并遵循三大原则：不能对墙体造成不可逆的影响；不能有挥发性污染；不能对建筑的窗户、门框等产生影响。

2. 公众舆论主要观点

（1）在微博平台上，众多网友在第一时间表达了不满和谴责，认为给老建筑"粗暴刷脸"，"刷"了老建筑的"墙"，丢的是国人的脸。网友同时指出：该历史建筑是属于国家保护性建筑，个人或单位都无权随意去变动它。如真要变动，应该向有关部门申报。

（2）6月5日，在澎湃新闻的《外滩老建筑被"刷脸"并破坏内部结构，当事企业领50万罚单》这篇报道的评论区里，不少网民对历史建筑原貌被破坏表示谴责与痛心，同时认为罚款金额太少。网友们希望社会各界都能加强对上海这些历史老建筑的科学保护。也有网民希望能查出一个对此事负有具体责任的部门，而不是那两个干活的工人。

（3）第三次新闻通气会结束后，部分网民提出建议性评论，希望主管部门能用一些新的治理思路妥善保护历史建筑。

四、舆情应对点评

第一，相关部门对该事件的舆情监测较为及时，反应较为迅速，为事件的后续处置赢得了主动。

4月25日，网民"@冀东骊人"在网上对该事件进行爆料之后，黄浦区委宣传部舆情中心迅速监测到此舆情，并通报领导和相关部门，为后续的快速反应争取了时间。对负面舆情的全面监测和及时发现是成功开展舆情应对工作的基础。

在事件被爆料的第二天,4月26日,黄浦区相关部门派人到现场进行了察看,并对公众说明了相关情况。中晋公司也在第一时间向社会道歉,并承诺将做好后续修复工作。这些应急反应展现了政府的态度,遏制了舆情的进一步恶化。

第二,在本次事件中,相关部门的舆情处置有始有终,前后分别三次召开专题新闻发布会,通报事件的最新进展,向公众展现出了政府负责任的态度。

在该事件引起媒体和网民的热议后,5月29日下午,黄浦区新闻办联合区文化局、区房管局召开了第一次新闻通气会,对广东路102号建筑违规施工的处罚情况、后续修复施工以及今后的保留保护举措进行了说明。中晋公司向社会道歉,并承诺将做好后续修复工作。在对涉事公司作出50万元的行政处罚决定之后,黄浦区于6月5日召开了第二次通气会,公布了这一处罚结果,显示了区政府不姑息相关责任企业的态度。9月中旬,在组织了多次专家论证会议后,黄浦区于9月25日召开第三次通气会,通报建筑的清洗整改方案和使用的清洗材料。

从说明情况,到处罚涉事企业,再到公布整改方案,面对社会各界的质疑与批评,相关部门直面问题,做到了信息公开,将事件的关键进展告知公众。除了对涉事企业的处罚依据,连续三次发布会基本都切中公众在不同阶段最关心的焦点问题,回应了公众的热点关切,也展现了政府有头有尾、负责到底的正面形象。

第三,对公众关于"政府对涉事企业处罚过轻"等质疑应及时进行回应,做到有理有据,通过向公众公布具体的处罚依据,消除负面的质疑声音。

在各类媒体报道了50万元的处罚决定之后,网民和专家均表示"罚款太轻应考虑入刑",并建议"政府是时候要出台一些严厉措施"。但是在第三次通气会之后,政府没有再就此事发表意见,也没有进一步对网民和专家的建议进行回应。

建议在发布对企业的处罚信息时,要对处罚金额的依据进行详细而简单易懂的解释。只有有理有据进行处罚,才能使公众理解、信服、接受,避免舆论场中出现一些质疑的声音。

浦东三林"最牛违建"事件

一、事件介绍

2015年5月5日8时45分,新民网以"公共绿地成亿元豪宅?浦东三林疑现'最牛违建'"为题,报道了环林东路、银环路附近一处公共绿地里违法建造豪宅的事件。"亿元豪宅""最牛违建"等敏感字眼引发媒体的持续跟进报道。相关舆情话题的热度连续两天位列新浪微博之首,舆情不断升温。

浦东区委主要领导批示,由一名副书记牵头成立舆情应对专项工作组,专题研究问题解决。区规划和国土资源管理局、环保局、世博地区管委会和东明路街道迅速行动,第一时间赶赴现场调查处置。5月6日,规土局官方微博"@浦东规土"发布了调查进展情况及政府态度,"@上海发布""@浦东发布"等进行了转发。相关信息迅速被各大媒体及网友广泛转发,成为舆情应对的关键点和分水岭。5月7日至8日,各大媒体纷纷引用规土局的发布口径,并作了现场回访,集中报道了建设单位开始自行拆违、积极整改、争取年内开放等事件最新进展。相关部门的应对举措得到了广大网民和群众的理解,舆情渐趋平息。

二、舆情发展情况分析

表35 浦东三林"最牛违建"事件舆情时间轴

媒体报道及公众舆论反应	政府应对举措
舆情酝酿期:据浦东三林居民反映,环林东路银环路一处公共绿地里,原本管理用房的位置建起总面积3 800平方米的欧式豪华别墅。	
2015年5月5日	
舆情爆发期:5月5日8时45分,新民网刊发题为"公共绿地成亿元豪宅?浦东三林疑现'最牛违建'"的新闻。	

（续表）

媒体报道及公众舆论反应	政府应对举措
	5月5日上午,监测到相关舆情后,浦东区委主要领导当即作出批示,明确由一名副书记牵头处置。
舆情发展期：5月5日,《新民晚报》刊发题为"浦东三林公共绿地惊现豪华'古堡'"的报道。"新民晚报"微信发布《我们找到梦想了：在公共绿地古堡里当个管理员》文章。	
5月5日晚,上海电视台新闻综合频道、澎湃新闻对事件进行报道。	
	区委主要领导5日晚了解调查进展情况,对处置工作再次提出要求。
5月6日,《新闻晨报》《青年报》等媒体作了跟踪报道。	
2015年5月6日	
	5月6日上午,区委副书记召集专题会议,听取调查情况,布置相关处置。
2015年5月7日	
截至5月7日6时,24小时相关报道新增110余篇,相关微博新增转发100余次,评论90余条。	
5月7日,"@上海发布"转发了新区规土局的微博。	
	在多个职能部门的联合督办下,5月7日上午,中房置业公司开始自行拆违。
5月7日,新民网等众多媒体在报道中引用了规土局的口径,并集中报道了拆违的进展。	
5月7日,媒体刊发评论,如《新华每日电讯》的《"最牛管理用房"悬疑一追到底》、《东方早报》的《公共绿草地建豪楼,监管当反思》。	
	5月7日下午,区委副书记再次召开专题会,要求相关职能部门拿出具体的整改实施方案和时间表,回应公众关切。

(续表)

媒体报道及公众舆论反应	政府应对举措
2015年5月8日	
5月8日,《新闻晨报》《青年报》《上海法制报》等媒体刊发该管理用房拆除违建、后续整改的报道。	
舆情平息期：随着违章建筑开始拆除,舆情逐渐平息。	

三、媒体及公众舆论主要观点

1. 媒体报道主要观点

（1）事件爆发的初始阶段,新民网等媒体对装修奢华的建筑是否是绿地配套管理用房、绿地性质是否姓"公"提出质疑。

（2）事件处置过程中,新民网、《新闻晨报》等媒体纷纷引用区规土局发布的口径,并报道了《浦东"最牛管理用房"门前小屋今晨开拆》。《新华每日电讯》等媒体配发评论,舆情焦点从"公共绿地""豪华",转为"最牛管理用房""政府监管责任"。

（3）在事件处置的尾声阶段,随着整改方案出台,《新闻晨报》《青年报》等媒体刊发拆除违建、积极整改的报道。

2. 公众舆论主要观点

（1）在微博平台上,"@至诚大兵"等"大V"质疑此奢侈建筑为服务管理用房,认为："如此豪华奢侈的豪宅,会是绿地服务管理用房吗？曝光之后,又会怎样？"此条微博获得21条评论,122条转发。

（2）部分网民认为,"别墅从外观到内饰,一看就是私人会所,曝光后可能消停一段时间,过段时间再开张"。

（3）部分网民建议,"既然是公共绿地管理用房,挺好看的房子,拆了可惜,改造成市民活动中心吧,也算用之于民了"。

（4）在微信平台上,"今日头条"及部分网友的关注焦点主要集中在豪华楼房是否合法等方面,有一定的阅读量。

四、舆情应对分析

第一,总体而言,相关部门的应对处置比较迅速,但不同部门的回应存在矛盾,应反思总结舆情应对机制和原则,避免类似情况再次发生。

5月5日媒体曝光事件后,5月6日公布正式调查结果,5月7日相关公司开始拆除违建,事件逐渐平息。然而,东明城管及开发商中房置业的初次回应与新区规土局的最终结论存在矛盾,使相关部门的舆情回应处于被动位置,引发媒体和公众的猜疑。具体的舆情应对工作机制值得反思。

在记者初次采访时,浦东城管东明分队表示:有施工许可证,所以就不是违建。而世博地区开发管理委员会表示:中房公司可以在公共绿地上建房,只要管理用房不超过总面积3%……中房公司则一口咬定:这就是管理用房。而5月6日浦东新区规划和土地管理局宣布调查结论时表示:"认定此建筑存在违章。"面对此种情况,媒体和公众难免发出疑问,为何前后回应会出现不一,其中是否存在"猫腻"?

通过此事件,希望相关部门对自身的舆情回应工作体系进行系统性反思。浦东城管东明分队在回应媒体时是不是已经查明了真相?有没有得到上级部门的授权?相关回应言论是不是经过了宣传部门的把关?与之相对应的是,舆情升级后,浦东新区新闻宣传部门统一应对口径,按照规定报审并征求市网信办、市新闻办的意见,扭转了舆论态势。

"覆水难收",政府的公开回应要慎之又慎,必须建立健全舆情回应工作机制,理顺舆情回应工作体系,不然今后类似问题仍会发生。

第二,虽然随着违建的拆除,事件逐渐平息。但是媒体和公众的一些质疑仍然未能得到合理解释,相关部门应表现出更加坚决的姿态,将问题一查到底,给社会一个满意的答复。

事实上,早在2009年,当地居民就对此绿地的建设提出质疑,"这座本应对公众开放的公共绿地,却在施工时早早建起三四米高的围墙,真真壁垒森严,被居民谑称为'监狱公园''高墙公园'"。在长达六年的时间里,当地居民不断向街道、城管、规划部门投诉。虽然相关部门最终判定此建筑为违建,并很快予以拆除,但是媒体和公众的一些疑问:"为何在长达几年的时间里,无人过问公共绿地建豪华建筑?这背后又有着怎样的内幕?"却并没有得到解答。

相关部门一方面应重视群众意见，在实际工作中排查问题，消除舆论风险；另一方面，在查处问题时要更加坚决、彻底，一挖到底，从根源上查缺补漏，从而消除公众疑虑，拿出令社会满意的答复。

8

生态环境类

金山化工区规划(修编)环评公参事件

一、事件介绍

2015年6月22日上午,因有传言高桥石化要搬迁到上海金山区,并可能上马PX项目,金山地区和浙江平湖地区部分群众情绪激烈,大批居民手持标语在金山区政府门口聚集,呼喊"反对PX项目""保护金山""高桥滚出金山"等口号。从6月23日开始,市民群众聚集进一步增多,并达到一定规模。

6月24日上午,上海化工区、金山区人民政府主要领导与部分市民进行沟通交流,对环保行动计划作了解释说明,明确关停高桥石化。6月24日下午,市、区相关部门与部分市民进行沟通交流,再次强调PX项目以前没有,今后也不会有,并表示会最大程度保护群众生活环境。同时,有关部门通过"@上海发布"及一些媒体将相关信息及时告知市民。市政府的决定发布后,6月27日,白天聚集的人数明显减少,晚上聚集和游行的人数也略少于前一天,但舆情仍处于高位。自6月28日始,相关舆情开始降温。至7月2日,事件舆情逐渐平息。

二、舆情发展情况分析

表36 金山化工区规划(修编)环评公参事件舆情时间轴

媒体报道及公众舆论反应	政府应对举措
2015年6月17日	
舆情酝酿期:从6月17日开始,高桥石化要搬迁到上海金山区并可能上马PX项目的消息,在微博和微信上开始流传发酵。在新浪微博上,有网民开设#反对PX项目#、#抵制金山Px项目	

（续表）

媒体报道及公众舆论反应	政府应对举措
#等微话题。在微信公众号"乐活金山"的私人微信圈里,不少市民参与讨论该项目,多数网民认为PX有毒,反对该项目落户金山。	
2015年6月22日	
舆情爆发期：6月22日9时,有民众在金山区政府门口打出"美丽金山,拒绝毒气"等横幅,抗议传言中的石化项目迁入。	
	6月22日上午,金山区政府派出工作人员对集聚的群体进行劝说疏散。
舆情发展期：6月22日14时1分,"@冬冬本人"发布微博称,"围观上海金山区副区长的表"。该微博图片显示,金山区政府门口,一名身穿浅色上衣、深色西裤的工作人员,左手戴着一块金色手表。该微博引发新的舆情议题。	
	6月22日15时,上海市金山区人民政府新闻办公室官方微博"@金山传播"迅速发表《告市民书》,对规划环评工作进行说明。说明称,这次上海化工区规划（修编）环评不涉及PX项目,将来上海化工区也不会有PX项目。
6月22日下午,有网友在微信中转发了一段"民警把枪指向市民"的视频,引发负面舆情。	
	6月22日下午,上海化工区领导就目前公众普遍关心的问题接受了《金山报》、金山电视台访问,再次否认金山区将上马PX项目的传言。
6月22日,中新网、新浪网、凤凰网、搜狐、网易等网络媒体对上海化工区领导接受采访一事进行了转载报道。	
2015年6月23日	
6月23日早上,《南方都市报》未等官方正式回应,即对"上海金山表哥"事件进行报道,并被新浪网等网络媒体转载。	

(续表)

媒体报道及公众舆论反应	政府应对举措
	6月23日9时53分,"@金山传播"发布上海化工区管委会主任周敏浩的答记者问,再次强调"化工区环评不涉及PX项目,将来也不会有PX项目"。
6月23日,澎湃新闻、东方网、新民网、人民网、新华网、新浪网上海频道等均以"上海金山区政府:化工区没有PX项目,市民不要非法聚集"为标题进行报道。	
	6月23日9时58分,上海市金山区人民政府新闻办公室"@金山传播"发布微博:经金山区纪委核实,前期网络传播的所谓"金山表哥",是山阳镇党委副书记蔡宏杰,手表系个人购买,型号为浪琴L25185377,购于2013年7月,价格为人民币16 381.31元。
6月23日,《解放日报》《新闻晨报》等纸媒,东方网、新民网、澎湃新闻、人民网、新华网、新浪网上海频道等均以"不涉及PX项目"为标题进行报道,进行化工区舆情的正面引导。	
2015年6月24日	
	6月24日,"@金山传播"针对"民警把枪指向市民"的视频回应称,经上海市公安局技术比对,该视频中的持枪民警警号并非上海。
	6月24日上午,上海化工区、金山区人民政府主要领导与部分市民沟通交流,对环保行动计划作了解释说明,明确高桥石化关停,再次强调PX项目以前没有,今后也不会有,并表示会最大程度保护群众生活环境。
2015年6月26日	
舆情平息期:从6月26日开始,《东方早报》《新民晚报》等上海主流媒体继续对"化工区环评不涉及PX项目"进行正面宣传报道,舆情趋于平稳。	

（续表）

媒体报道及公众舆论反应	政府应对举措
2015 年 7 月 2 日	
	7月2日,上海市委书记韩正与市长杨雄来到金山区,要求官员回应民众诉求,切实加大环境保护和污染治理力度。
7月2日晚间,《金山报》、金山电视台及微信公众号"@金山"、微博认证账号"@金山传播"等播发了上海市委书记、市长到金山区座谈,要求官员回应民众诉求的新闻。该新闻引发金山广大市民和网友的热切回应,舆论逐渐平息。	

三、 媒体及公众舆论主要观点

1. 媒体报道主要观点

（1）事件发展初期,大批群众集聚金山区政府,媒体呼吁民众理性对待政府决策,不要相信网上谣传。

（2）在金山区政府发布《告市民书》和媒体采访金山区政府领导的信息后,部分传统媒体发出了"化工区没有PX项目,网民不要非法聚集"的报道,认为政府能够及时回应民声,重视群众诉求。

（3）在政府出面澄清"金山表哥"事件后,大部分媒体认为官方短时间内化解舆情,快速回应民众关切和质疑,敢于担当。也有媒体认为面对网民质疑,涉事人及当地纪检部门应主动应对,给出更为真实、客观、详尽的回应。《新京报》的评论《"金山表哥":貌似无解的质疑》称,"两次于24小时内完成的快速回应,算是直面质疑"。中国网《"金山表哥"背后有啥故事还需明察》称,"如果'金山表哥'真是用自己合法收入购得名表,那就应该勇敢站出来,直面汹涌舆情,为自己的名表由来作真实陈述"。

（4）事件发展后期,在政府表态不会建化工项目后,各大传统媒体对政府顺应民意、重视民声、对群众保持克制的态度进行了肯定,认为政府在此次事件中表现出了优秀的舆情应对能力。

2. 公众舆论主要观点

（1）在事件发展初期,网民在微博、微信上抗议在金山建化工项目的不合理性,不满金山环境治污的现状,指责政府环保不力,有的控诉政府抛弃金山群众。网上舆情的主要动向有:① 发帖控诉,争夺群众。有的以悲情手法切入,控诉政府对金山环境的漠视;有的用耸动语言,恐吓网民;有的偷换概念,大谈所谓的"PX"危害性。② 煽动游行,聚集闹事。有网民呼吁"不要化工!请重视金山人民!"。

(2) 在舆情高涨阶段,在社交媒体平台上,网民贴发"金山表哥"现场图片和视频,认为政府官员不应穿戴奢华,并呼吁纪检介入调查该官员。

(3) 6月24日,在环评公参宣布终止后,网民普遍对政府的决定予以肯定,表示相信政府的决策,对政府的及时回应点赞。同时,一些网民呼吁要理性对待此事件,需要进一步加大宣传和解释力度,使更多人了解政府立场,建立政府和民众之间的互信,化解负面情绪。

四、 舆情应对分析

之前厦门、漳州等多地爆发过 PX 项目事件,"PX"几乎成为人人闻之色变的敏感词。本次金山化工区规划(修编)环评公参事件不但引发了一系列群体性事件,而且事态十分复杂,出现了"金山表哥""警察持枪恐吓民众"等次生舆情危机,舆情应对工作的难度极大。从舆情管控来看,网上舆情的热度与规模得到有效控制,未形成全网关注的焦点事件,线上线下参与者始终限制在利益相关群体,除官方口径外,境内媒体和网站也没有介入事件报道。从实体应对来看,上海市最高领导人亲赴金山区开展座谈,表明态度,修复了政府的公共形象,重新获取了民众的理解和信任,比较妥当地平息了舆情风波。

第一,一切以保证稳定为根本,相关部门在舆情回应的过程中态度鲜明,把握住了公众最关心的核心问题,多次表态不会建设 PX 项目,从根本上消除了公众的疑虑,这是平息本次公共舆情事件的关键。

面对公众的疑虑,相关部门通过官方微博、接受媒体采访、召开新闻发布会、向公众当面解释等多种方式态度鲜明地表示:PX 项目以前没有,今后也不会有,政府最大程度保护群众生活环境。应当说,政府多渠道、多层次的表态很好地回应了公众关切,打消了公众疑虑,使舆情走势渐趋平稳。

第二,在解决核心舆情危机的同时,相关部门未放松对次生舆情危机的处置,及时发布辟谣信息,化解了"金山表哥"和"民警枪指市民"两次次生舆情危机。

本次公共舆情事件事态较为复杂,核心舆情危机尚未结束,"金山表哥"事件和"民警枪指市民"风波接连发生。之所以在处理PX项目舆情危机之时出现这两个次生舆情危机,并非偶然。"金山表哥"事件呈现出公众对PX项目背后存在贪腐问题的担忧。而"民警枪指市民"风波之所以会发生,则是因为群体性事件频发,让"政府暴力维稳"的谣言有了滋生和传播的空间。"环境污染""贪污腐败""暴力维稳"等敏感话题纠结在一起,给舆情应对工作带来极大的难度。好在相关部门临危不乱,对舆情危机的处置比较有序,较快公布了"表哥"的真实信息,并通过技术比对揭穿了"民警枪指市民"的谣言,较好地控制住了负面舆情的发展趋势。

第三,上海市主要领导亲自到金山区开展座谈,要求官员回应民众诉求,切实加大环境保护和污染治理力度,对舆情事件的最终平息发挥了重要作用。

此举向公众申明了上海市政府对此事件以及对环境保护问题的鲜明态度,展现了上海市政府负责任、有担当的形象,修复了此前区域政府与民众之间的关系,获得了公众的理解、尊重与一致好评,是一次成功的危机公关,为此次舆情危机的平息发挥了重要作用。

第四,综合运用传统宣传手段和新媒体手段,及时快速传递了政府的最新决策和举措,增强了信息的权威性和说服力,扩大了信息的传播范围。

相关部门在处置本次舆情事件时综合运用了传统宣传手段和新媒体传播渠道。首先,由于传统媒体在公信力方面仍然具有很强的优势,相关部门通过《解放日报》《新闻晨报》等有效发布了权威信息,起到了较好的劝导作用。其次,相关部门运用流动宣传车、小区电子屏等播放相关讯息,以这种贴近身边、依托社区的宣传方式,弥补了大众传播带来的距离感,为平息舆情危机发挥了不可替代的积极作用。与此同时,相关部门积极利用新媒体传播速度快、覆盖面广的优势,通过微信公共账号、H5动态页面、图解、微视频等多种方式传播信息,取得了较好的传播效果。

上海首个萤火虫主题公园引生态质疑事件

一、事件介绍

2015年7月2日,媒体报道称华东地区首家萤火虫主题公园将在松江青青旅游世界生态公园正式开园,届时"数万只萤火虫将一齐点亮仲夏夜之梦",萤火虫主题公园的开放时间从7月10日到10月7日。这一消息引起广泛关注并被质疑会破坏生态。松江区旅游局表示,武汉君友商业管理有限公司未向当地政府有关部门报备,就擅自租用场地,对外发布举行萤火虫主题公园项目活动的消息。7月9日,该项目被松江区政府有关部门叫停,舆情逐渐平息。

二、舆情发展情况分析

表37 上海首个萤火虫主题公园引生态质疑事件舆情时间轴

媒体报道及公众舆论反应	政府应对举措
舆情酝酿期:武汉君友商业管理有限公司拟于7月10日在松江开放上海首个萤火虫主题公园。	
2015年7月2日	
舆情爆发期:7月2日,新民网发布新闻《上海首个萤火虫主题公园下周开放》,称沪上首个萤火虫主题公园将于7月10日至10月7日在松江区辰花路开放。	
2015年7月3日	
7月3日,《新闻晨报》、《新民晚报》、《城市导报》、"@人民网"、"@环球时报"、"@上海播报"、"@中国新闻网"、"@经济日报"等均以消息的形式报道了此事。	

(续表)

媒体报道及公众舆论反应	政府应对举措
7月3日,《I时代报》刊发《松江一园区将引进外地萤火虫举办主题公园 环保人士忧物种入侵风险》,报道引用生态专家观点,认为大批量引萤火虫入沪,恐有生态入侵风险。	
2015年7月4日	
	7月4日,区新闻办安排相关媒体、政务微博等发布声明:未收到项目运营方的申报案,相关部门在核实中。
7月4日,《解放日报》发表新闻《数万萤火虫点亮仲夏夜?有点悬 松江旅游部门称萤火虫主题公园未备案 专家忧心生态失衡或病虫害传播》,采访了松江旅游局及生态专家。松江区旅游局在报道中回应称,该项目此前并未在相关部门备案,已第一时间致电青青旅游世界相关人员进行约谈。	
7月4日,东方卫视《东方新闻》、上海电视台《新闻报道》播出新闻《上海:萤火虫主题活动周一报备,是否危害生态仍有争议》,称主办方将于7月6日报备此事。	
	松江区新闻办安排发布:活动方材料不全,松江旅游局驳回萤火虫主题活动备案。
2015年7月6日	
7月6日,《东方早报》刊发《"免费看萤火虫"或是为"骗粉"》,文中引用了网友的质疑:虫源来自养殖还是捕捉?	
7月6日,环保组织"自然大学"在微信公众号"阿拉兔"上发出对上海市松江区萤火虫主题公园开展调查的建议信,呼吁上海有关部门调查并叫停活动,理由是活动"涉嫌野外捕捉、破坏生态链、外来物种入侵"。	
2015年7月7日	
7月7日,《新闻晨报》《I时代报》发文指出萤火虫公园活动方材料不全,相关部门审批一个也没办理过,只剩噱头。	

（续表）

媒体报道及公众舆论反应	政府应对举措
2015年7月8日	
7月8日，《北京青年报》发表评论《世界那么亮，何必追那点萤光》，《科技日报》发表评论《上海萤火虫主题"公园"被指"萤火虫之墓" 想看萤火虫？还它们一片栖息地吧》，提出要保护萤火虫，反对开放萤火虫公园。	
	松江区政府对舆情作出研判：该事件可能给松江形象造成不利影响，要求职能部门慎重处置，公开表明意见，把握舆论引导的主动权。
2015年7月9日	
	因项目运营方搭建的临时建筑存在重大安全隐患（9号台风灿鸿即将来临），松江区建管委叫停该项目，勒令其进行整改。 7月9日，市公安局松江分局的官方微博发表消息："'松江萤火虫主题活动'这条消息经过无数微信号和朋友圈跟风发布，已经刷爆了朋友圈。然而真相是，该项目未经审批，存在重大安全隐患，已被松江区相关主管部门勒令整改。"
7月9日，上海电视台新闻频道《新闻报道》播出新闻《松江警方："萤火虫主题公园"被勒令整改 大家甭惦记啦》。	
2015年7月10日	
7月10日，《新闻晨报》发表新闻《松江萤火虫活动因安全隐患被叫停 主办方电话关机或无人接听 16家环保机构反对类似活动》，称大众点评上的网络预售票将被退款，而"自然大学"发起的"关于上海萤火虫主题公园的联名调查信"已有16家机构签联名信。	
《第一财经日报》刊发评论《萤光灿烂？需要城市留点白》，指出萤火虫的人工繁殖成本相当高，希望民众能够到野外或者自然公园中"克制"观赏。	

(续表)

媒体报道及公众舆论反应	政府应对举措
2015 年 7 月 16 日	
7月16日,《新民晚报》刊发评论《保护生态平衡应从点滴做起》,认为停办活动是明智的决定。	
2015 年 7 月 30 日	
7月30日,《南方周末》发布调查《萤火虫进城记 亮了多少城,暗了多少虫》。调查结果显示,主题公园多数萤火虫系野外捕萤,而捕萤会破坏生态。	
舆情平息期:随着松江区主管部门叫停萤火虫公园,舆情逐渐平息。	

三、媒体及公众舆论主要观点

1. 媒体报道主要观点

(1) 在舆情爆发的初始阶段,《I时代报》于7月3日刊文称大批量引入萤火虫入沪,恐有生态入侵风险,欣赏野生萤火虫比人工条件下的更有意义。

(2) 7月4日,东方卫视《东方新闻》、上海电视台新闻频道《新闻报道》称,专家忧心生态失衡或病虫害传播,是否危害生态仍有争议。

(3) 在事件发展的中期阶段,7月8日,《科技日报》发表评论认为萤火虫主题"公园"最后往往成了萤火虫的"墓地"。爱萤火虫,从修复生态做起,应还萤火虫一片栖息地。

(4) 7月8日,《北京青年报》指出由于萤火虫人工养殖技术难、成本高,主题公园萤火虫多是从不同的地方野外捕捉而来,捕萤对当地物种资源、生态环境会造成破坏。此外,若管理不当,引入的萤火虫对本地萤火虫资源、生态环境也会有影响。

(5) 在事件发展的后期阶段,《第一财经日报》7月10日刊文指出野外观萤并非不可能,呼吁民众到野外或者自然公园中"克制"观赏。

(6) 部分媒体对叫停项目表示赞同。《新民晚报》认为停办这个活动是个比较明智的决定。《中国旅游报》认为项目不妥就该叫停。

（7）《南方周末》到江西赣州萤火虫供应源进行调查,得出结果:主题公园多数萤火虫系野外捕萤,捕萤破坏生态,同时指出萤火虫成为稀缺品种的根本原因是城市污染。

2. 公众舆论主要观点

（1）主办方擅自发出活动信息,并在部分媒体上传播开后,诸多网友的第一反应是好奇、欣喜,表示"好漂亮,好想去"。松江区和上海市中心城区相当数量的年轻母亲们相约准备带孩子前往。

（2）具备一定科学常识的网民提出自己的看法。茸城论坛网民"songjianglove"认为松江引进外地萤火虫,环保人士担忧会造成物种入侵。

（3）环保组织"自然大学"在公众微信号"阿拉兔"发出对上海市松江区萤火虫主题公园开展调查的建议信,对此类存在生态伤害、欺诈消费者行为的商业项目提出严正抗议,吁请上海有关部门对该项目开展调查,并及时叫停。理由如下:涉嫌野外捕捉、破坏生态链、外来物种入侵。此微信2天内就获得16家机构、467位个人参与联名,微信点赞23条,阅读1 661次。

（4）在微信平台上,微信公众号"园林在线""上海夜新闻"认为大批量引入萤火虫入沪,恐有生态入侵风险,欣赏野生萤火虫比人工条件下的更有意义。

（5）有部分网民认为环保组织"无事生非""多管闲事"。

四、舆情应对分析

第一,松江区政府以台风为由果断叫停萤火虫主题公园活动,遏制了舆情的恶化,但没有做好后续的调查和解释工作。

政府应通过多种媒介渠道加强解释宣传,获取公众的理解与支持。这一事件主要争议点在于萤火虫的来源是野外捕捉还是人工饲养,而萤火虫是否是野生捕捉的短期难以确认。在其他可依据的规定性条文非常有限的情况下,松江区政府先抓住台风这一特殊的气象条件,提出:人流过于密集,缺乏组织方案,活动场地违章搭建,存在安全隐等,要求必须整改。

从网友的回应看,因为萤火虫主题公园活动一经报道就受到一部分公众的追捧,所以相关部门在叫停这类活动的时候一定要做好配套解释工作。台风可以作为暂时的理由,但事后相关部门仍应进行深入调查,就萤火虫的来源以及是否会造成生态破坏给出明确的回应,尽量争取公众的理解与支持。

第二,事件源发于微信平台,并主要在微信平台上升温发酵。政府要打通微博、微信与媒体报道的舆论场,善于运用微信平台做好舆论引导工作,缓解民间舆论场的紧张情绪。

松江萤火虫主题公园开放的新闻一经发布,就在微信朋友圈引起追捧和热议。而事件的转折点则来自环保组织"自然大学"在公众微信号"阿拉兔"发出的对上海市松江区萤火虫主题公园开展调查的建议信。

在此类舆情事件中,相关部门除了通过政务微博和传统媒体进行回应之外,还应当积极通过微博微信平台对事件进行回应,与网友展开实时互动,并对叫停事宜进行相应的解释说明,这样才能扩大官方声音的影响力,更加有效地化解网民的对立情绪,引导舆论走向。

9

交通管理类

"内鬼车牌"事件

一、事件介绍

2005年1月至2014年3月间,原上海市某国税局科员傅某、蒋某与黄牛陈某等11人通过在车辆购置税完税证明上偷盖真章或涂改拼接并加盖假章等多种手段,骗取上海市非营业性客车额度4 051张,获取非法利益达2.2亿元。市一中院开庭审理此案。《上海商报》记者旁听后,将案件曝光。

二、舆情发展情况分析

表38 "内鬼车牌"事件舆情时间轴

媒体报道及公众舆论反应	政府应对举措
舆情酝酿期:上海市第一中级法院审理了一起涉"内鬼车牌"流出案。案中犯罪团伙勾结税务人员利用管理漏洞,通过违法手段骗取车牌额度并上牌使用,非法获取利益高达2.2亿元。《上海商报》记者旁听了案件的审理。	
2015年6月9日	
舆情爆发期:《上海商报》6月9日报道上述案件,认为主要存在两个方面的问题:一是行政机关之间信息不联网;二是行政机关对内部人员的监管存在问题。	
6月9日,东方网根据《上海商报》的报道,发表题为"沪牌惊天骗局:非法沪牌未经拍卖手续流出"的新闻。	

"内鬼车牌"事件

(续表)

媒体报道及公众舆论反应	政府应对举措
2015年6月10日	
舆情发展期：6月10日,《新民晚报》发表题为"10年里5 000张沪牌未经拍卖即上牌"的报道,随后被人民网、中新网、和讯网等多家媒体转载,引发关于"内鬼车牌"的关注和讨论。	
2015年6月11日	
6月11日,腾讯网、新浪网、网易等媒体转载"内鬼车牌"报道。截至23时40分,网易上关于"内鬼车牌"这一话题的讨论高达1 597条,网友指出:"苍蝇的危害并不亚于老虎,因其数量过于庞大只能任其肆虐!"事件持续发酵。	
6月11日,《新京报》发文《上海"内鬼车牌",挑战拍卖车牌公平性》,认为"'内鬼车牌'挑战了'限牌'的公平底线,应该进行全面的调查问责,而问责也不能止于一两个具体的办事人员和黄牛"。	
2015年6月12日	
6月12日,《新华每日电讯》第2版发表报道《上海查"内鬼车牌"11人被诉诈骗罪》。	
	上海市交通委6月12日称,上海国拍公司对投标拍卖竞价系统再次进行优化升级,升级后的投标拍卖方式将采用浏览器出价界面(无需光盘),并于2015年6月起正式投入使用。为让竞买人尽早适应新系统,将于6月14日举行模拟拍卖会。
2015年6月13日	
6月13日,新华社发表评论《用阳光照亮"内鬼车牌"藏身黑箱》,提出完善制度设计、加强监管等预防措施。负面舆情得到抑制。	
2015年6月14日	
微信账号"汇车"14日刊文称,国拍6月份升级的新系统异常卡顿,动不动就失去网络连接。文章据此认为,此次模拟试拍是近7万名热心网友见证的国拍笑话。	

(续表)

媒体报道及公众舆论反应	政府应对举措
2015年6月16日	
	6月16日在上海市交通委新闻发布会上,交通委社会宣传处副处长黄晓勇表示正在进行综合评估,将选择技术成熟、服务质量优秀的平台,但相关事宜并没有确定。
2015年6月17日	
6月17日,《新闻晨报》发文《换掉"国拍"不是没可能》。	
	通过《新民晚报》的报道《拍牌考虑选技术成熟服务好企业》,市交通委回应:"将对相关企业进行综合评估,考虑选择技术成熟、服务质量好的企业;同时选择什么样的拍牌方式也在考虑之中,总之会提升拍牌质量。"
舆情平息期:随着涉事人受到惩处,以及车牌管理新举措的出台,舆情逐渐平息。	

三、 媒体及公众舆论主要观点

1. 媒体报道主要观点

(1) 在事件爆发的初始阶段,《上海商报》、东方网等媒体认为主要存在两个方面的问题:一是行政机关之间信息不联网、消息不对称,从而导致监管不力;二是行政机关对内部人员的监管问题。

(2) 6月11日,《新京报》发文《上海"内鬼车牌",挑战拍卖车牌公平性》认为"不成熟、不彻底的'拍牌',本身酝酿了巨大的腐败寻租空间"。

(3) 事件中期,新华社发表评论《用阳光照亮"内鬼车牌"藏身黑箱》,分析了"内鬼车牌"流出案出现的原因,并提出完善制度设计、加强监管等预防措施。主流媒体发声,遏制了负面舆论的再发展。

(4) 事件中后期的一则新闻引发次生舆情。微信账号"汇车"14日刊文称,国拍6月份升级的新系统异常卡顿,动不动就失去网络连接。文章据此认为,此次模拟试拍是近7万名热心网友见证的国拍笑话。

（5）《新闻晨报》17日报道称交通委换掉"国拍"不是没可能，网民吐槽"沪牌拍卖还不如干脆交给淘宝来操办"。澎湃新闻网同日报道，黄晓勇的回应颇为耐人寻味。淘宝拍卖业务的负责人卢维兴回应，如果上海方面有需求，随时可以谈。报道特别指出，上海市政府与阿里巴巴集团已于2015年5月15日签署战略合作框架协议。

2. 公众舆论主要观点

（1）在微博平台上，"@郁志荣"表示，内鬼车牌高达5 000张，前后长达十年。这些"内鬼车牌"严重挑战了限牌、拍卖车牌的公平性。沪牌拍卖非但达不到目的，反而变成腐败的温床，对"内鬼车牌"事件表示愤慨。

（2）博主"@刘义杰"认为，5 000张"内鬼车牌"应追回撤销。刘义杰引用《行政许可法》第69条第一款、《刑法》第64条，从法理的角度说明，追缴相关车牌是理所当然的。

（3）在微博平台上，"@高路VVV"认为，问题出在内部管理机制和监管机制，特别是监管机制不具备洞察作案过程中出现异常信息的能力。应该运用综合治理手法，形成一套反应机制，使信息透明，从而解决类似问题。

四、舆情应对分析

第一，要善于依靠主流媒体的权威性和传播力，积极发布整改举措，释放正面信息，扭转舆论走向。

"内鬼车牌"案件被报道后，市民对沪牌拍卖纷纷提出质疑，舆论场中出现较多负面舆情。面对此情况，新华社发表的评论《用阳光照亮"内鬼车牌"藏身黑箱》发出了权威声音，客观分析了"内鬼车牌"流出的原因，提出了要将关注的重点转移到完善制度设计和加强监管上来，使舆情得到缓解。在此事件中，主流媒体是改变舆情导向的重要抓手，主流媒体依靠其权威性和传播力，成功地将舆论关注的焦点逐渐转移到后续如何加强监管、避免此类事件的议题之上。

第二，相关部门未能主动披露案情，经媒体曝光后也没有进行专门的回应，使舆情态势趋于恶化。

对此类负面问题，应迅速、有针对性地作出回应，果断进行切割。"内鬼车牌"案件之前并未被官方披露，直到审判阶段，才由旁听的媒体记者曝光。对于此事件,相关部门未预见到其中蕴含的舆情风险,导致舆情爆发后陷于非常被动的局面。

而在事件舆情大规模爆发后,相关部门并没有就此事进行专门回应,对于5 000张"内鬼车牌"是否依法予以撤销,也没有一个明确说法。这致使舆情进一步向负面方向发酵。

相关部门在面对"内鬼车牌"等负面问题时,应该在事实厘清、权责分明的情况之下果断切割不良影响,界定问题的性质为"个别科员所为",从而防止媒体继续炒作政府层面上的负面信息,为全局性地解决问题提供舆论基础。

第三,除了通过召开新闻发布会、通过传统媒体发出官方声音外,相关部门应善用新媒体,通过微博、微信等新媒体平台与公众开展直接沟通,获取公众的支持和理解。

由于国拍6月份升级的新系统异常卡顿,动不动就失去网络连接,公众对相关部门的工作提出了一系列质疑。面对此情况,除了召开新闻发布会、通过传统媒体发声,相关部门应更多地利用快速、即时、扁平化的新媒体平台进行回应,与公众开展直接、公开、平等的交流,通过坦诚的态度和切实有效的解决方案获取公众的支持和理解,树立开放、透明、亲民的正面形象。

地铁 16 号线乘客高温天排队候车事件

一、事件介绍

2015 年 7 月,一则《16 号线现大客流 高温天气乘客排长队》的新闻成为社会舆论的焦点。起因是 7 月中旬天气炎热,上海地铁 16 号线一些站点如鹤沙航城站、周浦东站等限流,导致排队现象严重,队伍排到三四条马路外,从队末排到进站,需要四五十分钟,乘客只能在室外等待,被持续暴晒。此情况引起乘客很大不满,并引发公众对地铁规划、公交线网布局、站点防暑降温措施等方面的质疑。

二、舆情发展情况分析

表 39 地铁 16 号线乘客高温天排队候车事件舆情时间轴

媒体报道及公众舆论反应	政府应对举措
2015 年 7 月中旬	
舆情酝酿期:2015 年 7 月中旬,乘客反映地铁 16 号线一些站点如鹤沙航城站等限流导致排队现象严重,队伍排到三四条马路外,从队末排到进站,需要四五十分钟,乘客只能在室外被持续暴晒。	
	轨交运营方面称,已关注该问题,将改善限流车站乘客的候车环境,尽量让乘客在站厅内候车,减少户外排队。3 节车厢扩容 6 节车厢的问题,正在抓紧实施,预期年底完成。

城市治理与舆情应对：上海市政府系统舆情应对案例研究

（续表）

媒体报道及公众舆论反应	政府应对举措
2015 年 7 月 16 日	
舆情爆发期：7 月 16 日，新浪网发表《16 号线客流大站限流受诟病　露天排队半小时挤上车》的报道。	
2015 年 7 月 23 日	
	7 月 23 日，在市交通委党组与虹口区提篮桥街道联合开展的"三严三实"专题教育活动交流会上，市交通委主任孙建平表示，"争取到今年年底改用 6 节编组车厢，同时缩短车辆间隔密度、延长末班车时间，尽最大努力缓解运能紧张矛盾"。社会宣传处对媒体进行宣传。
2015 年 7 月 24 日	
舆情发展期：7 月 24 日，《解放日报》发表《16 号线年底增能专车标准将出台》的报道。	
2015 年 7 月 27 日	
7 月 27 日，新民网发表《35 度下排队"烧烤"乘客吐槽 16 号线"一次排队终生难忘"》的图文报道。	
	上海地铁运营方则表示，目前，16 号线全线存在运能和客流在早晚高峰期间不对称的客观矛盾。据介绍，运营方此前已经千方百计采取可能措施，尽量减少乘客在高温天排队候车的不适，同时加快"3 改 6"等运能调整措施的进展。但措施的实施和见效均需要一定时间，对此间给乘客们带来的不便，运营方深表歉意，同时再次感谢乘客的理解配合和支持。
2015 年 7 月 28 日	
7 月 28 日，《新民晚报》头版头条报道了题为"16 号线站外'长龙'无计可消除？"的新闻。	

地铁 16 号线乘客高温天排队候车事件

（续表）

媒体报道及公众舆论反应	政府应对举措
	社会宣传处通过媒体向市民宣传，已采取"设置站区候车遮阳棚、安装大电扇、引导乘客到站厅候车、准备防暑降温物品"等措施。
2015 年 7 月 30 日	
7 月 30 日，《文汇报》《新民晚报》、东方网、新民网等媒体相继报道或跟进此事。	
2015 年 8 月 5 日	
	8 月 5 日上午，在浦东新区建交委牵头下，市交通委与浦东新区、航头镇政府、申通集团召开专题会议，布置自行车停放点与乘客排队区的设施安装，解除乘客烈日之下排队候车的困扰，改进周浦东站、鹤沙航城站站外候车条件。通过搭设遮阳棚、加装电风扇与喷雾设备，改善高温期间乘客候车环境。社会宣传处再次广泛进行宣传。
2015 年 8 月 27 日	
	8 月 27 日，地铁运营方发布"16 号线周五起增能缩短运行间隔"的新闻，被中新网、新民网、澎湃新闻等媒体相继报道。
舆情平息期：随着事件的解决，舆情逐渐平息。	

三、媒体及公众舆论主要观点

1. 媒体报道主要观点

（1）在事件爆发的初始阶段，《新民晚报》等媒体对交通状况持批评观点，认为一方面附近小区多、居民多，运力需求大；另一方面，附近的公交枢纽只把客流送到轨交，轨道交通 3 节编组的列车容量有限，客运压力很大。

（2）在采取改善乘客排队环境措施后,《文汇报》等媒体报道了运营方采取"设置站区候车遮阳棚、安装大电扇、引导乘客到站厅候车、准备防暑降温物品等措施"后,鹤沙航城站排队情况有所好转。舆情有所改善,媒体对主管部门采取的措施有所认同。

（3）在8月份采取增能措施后,澎湃新闻等媒体相继报道16号线的改善举措：将陆续采取增能措施,提升工作日高峰时段运力,以期在一定程度上缓解中心城区的大客流压力。

2. 公众舆论主要观点

（1）较多网友认为地铁规划不合理。在微博平台上,"@大雷不打雷"等网友认为"十年前六号线的教训还不吸取,还在越造越小,周边小区的建造速度永远比扩容速度快,哎,可悲"。

（2）部分网友反映沿线公交太堵。在微博平台上,网友"@nomomono"等认为"我也住那里~~我最终选择自行车20公里来回世纪大道上班~~~就算坐公交~~沪南公路不是一般的堵"。

（3）一些网友吐槽配套措施没有及时跟上。在微博平台上,网友"@好语知时节"等认为："这个事好像有段时间了,难道没有应急的措施,基本的临时避阳的遮阳棚都很难吗?"

四、舆情应对分析

第一,要加强对现实中舆情风险点的排摸,对有可能引发大规模负面舆情的问题要及时进行实际处置与舆情预警,尽力从源头上遏制舆情风险的发酵。

轨道交通对市民日常的生活和工作具有重要影响,哪怕仅仅是一个站点存在问题,也会给相当多的市民带来困扰,进而产生舆情风险。16号线运能不足和客流在早晚高峰期间不对称的矛盾存在已久,特别是到了夏季,天气炎热,16号线一些点限流,导致严重的排队现象,令很多乘客忍受户外暴晒之苦。从舆情风险防范的角度来看,这一问题必然会引发市民的网上抱怨和媒体的高度聚焦。

对相关部门来说,应当在平常加大对现实工作问题的排摸,对一些长期存在、给市民带来较大困扰的问题,要早发现、早解决,而不是等到媒体曝光之后再被动地表态,仓促地采取应急举措。在现实工作中防范舆情风险的理念应当贯穿到相关部门工作的方方面面、点点滴滴。

第二,在舆情爆发后,相关部门反应较为迅速,态度较为诚恳,通过媒体向公众发布了应对举措,如能更充分地利用微博、微信等新媒体平台与公众开展更多更直接、有效的沟通,会更好地赢得公众的谅解和支持。

面对不断升温的舆情态势,相关部门反应较为迅速,很快拿出了一系列应对措施,同时也向乘客表达了歉意,态度较为诚恳。值得注意的是,市交通委社会宣传处多次通过媒体向公众发布和宣传相关部门"设置站区候车遮阳棚、安装大电扇、引导乘客到站厅候车、准备防暑降温物品"的措施,以及提升运力的信息,取得了较好的传播效果。

建议相关部门在处置类似舆情时,更加充分地使用微博、微信等新媒体平台,一是直接、坦诚与公众进行沟通,获取公众的谅解;二是更快、更有效地发布提升运力和实施防暑举措的信息;三是更好地获取乘客对改进交通设计方案的建议,更好地改善实际工作,提高社会对公共交通的满意度。

陆家嘴打车难事件

一、事件介绍

陆家嘴打车难与阻击黑车是近几年来在交通方面民众持续关注的热点问题。此问题一直未得到彻底有效的解决,引发媒体持续关注和报道。2015年8月以来,各家媒体就陆家嘴打车难问题多次进行集中报道,希望得到交通委系统的重视。公众在网络上也纷纷就此发表意见,其中对政府的相关工作有一些不满和抱怨。

针对媒体和公众的意见建议,政府积极作出正面回应,推出各项整治措施,并通过微博等新媒体形式对相关信息进行及时发布和充分说明,展现出高效负责的政府形象,为政府赢得了舆论主动权,使该事件的负面舆情趋于平稳,并逐渐淡出公众视野。

二、舆情发展情况分析

表40　陆家嘴打车难事件舆情时间轴

媒体报道及公众舆论反应	政府应对举措
2015年8月28日	
舆情酝酿期:8月28日,《新民晚报》等媒体发文《陆家嘴深夜打车难依旧"无解"》,称陆家嘴打车难问题愈演愈烈,令乘客叫苦不迭。报道认为,执法部门对解决此问题责无旁贷,必须加强整治,整治工作绝不能仅仅停留在口头、书面。	
	8月28日16时22分,"@上海交通"发布题为"20块出租车提示屏'上岗'市民打车'心里有数'啦"的微博,称市交通执法总队联合陆家嘴综管办在陆家嘴地区安装了20块出租乘车提示屏,并已完成该区的"16+3+1"乘车提示系统,希望藉此从源头上遏制出租车绕道多收费等违法行为。

（续表）

媒体报道及公众舆论反应	政府应对举措
2015年8月29日	
舆情爆发期：8月29日起，凤凰视频、上海电视台等多家媒体就此事进行调查报道，认为陆家嘴打车难主要包括僧多粥少、漫天要价、黑车泛滥等问题，并质疑提示屏的效果，敦促相关部门尽快切实解决问题。截至31日6时30分，相关报道累计传播20余条，微博转发80多次，评论11条，境内主要新闻客户端留言13条。	
2015年9月15日	
	9月15日18时12分，"@上海发布"发布题为"加强整治陆家嘴出租车挑客拒载顽症，交通执法部门将推进视频抓拍"的微博，称针对挑客拒载现象，执法部门将加大执法力度。
9月15日起，《加强整治陆家嘴出租车挑客拒载顽症，交通执法部门将推进视频抓拍》被多次转载。截至16日6时30分，相关微博累计转发200余次，评论90余条，APP累计留言200余条。一些网民认同执法部门的整治行为，也有网民表示质疑，称"突击整治简直作秀"。	
2015年9月22日	
	9月22日，上海市交通委员会主任孙建平表示，为缓解陆家嘴地区长期存在的打车难问题，市交通委正与陆家嘴综管办共同研究设立一支驻点的出租车队，但具体车型、运营模式等问题尚未确定，可能会采用新能源汽车车型，运能规模在30—50辆。
2015年9月23日	
舆情发展期：9月23日，《新闻晨报》等多家媒体报道"陆家嘴将设立驻点车队"一事。截至24日6时30分，相关报道传播30余篇次，相关微博转发20余次，评论20余条。境内主要新闻客户端留言60余条。部分网民不看好驻点车队，不但称其是"门面功夫"，而且指责"管理部门不作为"。	

(续表)

媒体报道及公众舆论反应	政府应对举措
2015年9月25日	
	9月25日,上海市交通执法部门启动新一轮专项整治,严打出租车拒载、宰客等行为。执法部门提醒市民,如遇拒载,乘客可拨打12345市民投诉热线,并尽可能提供具体的拒载线索等。
2015年9月26日	
	9月26日,"@上海发布""@上海交通"发布"'差头司机'27种违法行为将被暂停营业或吊证"的微博,称市交通执法总队已开启出租车专项整治工作。
2015年10月3日	
舆情平息期:10月3日,东方网等媒体发表《再探陆家嘴"打车难"现象:运力确有补充 挑客仍然普遍》的报道,称陆家嘴夜间出租车运力较此前有明显补充,打车点秩序井然;但是在部分路段,出租车挑客现象仍十分普遍。这一问题的相关舆情平息,并逐渐淡出公众视野。	

三、媒体及公众舆论主要观点

1. 媒体报道主要观点

（1）在事件爆发的初始阶段,《新民晚报》等媒体刊文称,陆家嘴打车难现象存在已久、亟待解决,相关部门应加强整治力度,绝不能停留在口头和书面上。

（2）澎湃新闻对政府的解决措施进行正面宣传,详细介绍和说明了提示屏、执法抓拍、设立驻点出租车队等措施。

（3）上海电视台等媒体质疑政府整治措施的效果,敦促相关部门尽快解决问题。

（4）在后续报道中,媒体对政府举措总体呈肯定态度,但指出陆家嘴出租车运营仍然存在不良现象。例如东方网刊文称,该地区夜间出租车运力较此前有明显补充,打车点秩序井然,但部分路段仍有普遍的出租车挑客现象。报道呼吁市民乘客可以拨打 12345 投诉热线,进行公众监督。

2. 公众舆论主要观点

(1)在陆家嘴工作的大部分是白领群体,有白领表示,在陆家嘴打车很难,包括早上、中午、晚上和下午时段。

(2)浦东和浦西出租车司机认为:陆家嘴打车难的原因主要是人流量和车流量太多,高峰时段交通拥堵。此外,浦东和浦西的司机不愿互相去浦西和浦东,处于浦东、浦西两地咽喉位置的陆家嘴地区成为打车死角。

(3)在微博平台上,"@中国飞龙HRWT""@冰溪雨樱"等网友表示,陆家嘴地区出租车漫天要价,呼吁有关部门加强管理。

(4)一些网民对政府整治情况表示不满。网友"@老麦的棉花糖Michael"认为,政府的执法拍照等治理措施是"头痛医头脚痛医脚"!

四、舆情应对分析

总体而言,针对陆家嘴打车难事件,市交通委反应较为迅速,第一时间发布信息,主动表达政府的积极态度,缓解负面舆情,防止事件负面影响继续扩大。针对新闻媒体的多次质疑,政府在较短时间内给出了解决措施,效率较高。但同时,针对网民评论,政府也应充分利用新媒体形式,与公众开展直接沟通,获取公众的支持和理解,舒缓网民情绪,扭转负面舆论的局面。

第一,市交通委的回应较为迅速,介绍了一系列实际解决举措,展现出政府负责任的态度。

8月28日,《新民晚报》等媒体发文《陆家嘴深夜打车难依旧"无解"》。在报道发布当天,"@上海交通"便积极进行了正面回应,介绍了政府对打车难问题的治理情况,包括推出乘车提示屏和"16+3+1"乘车提示系统等,无论这些举措的实际效果如何,相关部门展现出自己确实在做实际行动,而并不是仅仅把治理停留在口头上。

第二,充分利用微博、微信等社交媒体平台传播官方声音,相关信息在社交媒体平台传播范围较为广泛。

市交通委充分利用"@上海发布""@上海交通"等官方微信、微博平台,及时发布最新信息,相关微信、微博阅读量达到上千条,甚至上万条。通过在社交媒体平台直接发布信息,更多的公众了解了相关部门的态度与举措,一些公众对政府的应对进行了肯定。

第三,虽然相关部门在社交媒体平台发布了权威信息,但后续相关部门缺乏与网民的直接互动和沟通。

针对此类城建交通管理问题,相关部门一方面要积极与公众开展直接的沟通互动。另一方面,也应积极发掘社交媒体收集民智的功能,通过社交媒体获取公众有价值的对策建议。虽然市交通委通过微信、微博等社交媒体平台及时发布了相关信息,并在相当范围内得以传播。但是在后续,相关部门与公众的直接沟通互动不足,公众的一些评论和意见未得到直接回应。此类城市建设交通问题关乎诸多公众的日常生活,一旦存在问题,负面情绪便会逐渐积累升级。针对公众在微博上提出的代表性意见,相关部门可以考虑放低身段,直接对个体网民进行回应与沟通,逐渐疏解公众的不满情绪。

同时,相关部门应积极发掘社交媒体收集民智的功能,将公众一些具有启发性和建设性的建议收集起来,在改进实际工作的同时,对采纳的建议进行公开与回应,真正通过政府与公众的共同努力解决陆家嘴打车难问题。

图书在版编目(CIP)数据

城市治理与舆情应对:上海市政府系统舆情应对案例研究/李双龙,郑博斐主编.
—上海:复旦大学出版社,2018.9(2019.6重印)
ISBN 978-7-309-13806-1

Ⅰ.①城… Ⅱ.①李…②郑… Ⅲ.①突发事件-舆论-应急对策-案例-上海
Ⅳ.①G219.2②D630.8

中国版本图书馆 CIP 数据核字(2018)第 166851 号

城市治理与舆情应对:上海市政府系统舆情应对案例研究
李双龙　郑博斐　主编
责任编辑/朱安奇

复旦大学出版社有限公司出版发行
上海市国权路 579 号　邮编:200433
网址:fupnet@fudanpress.com　http://www.fudanpress.com
门市零售:86-21-65642857　团体订购:86-21-65118853
外埠邮购:86-21-65109143　出版部电话:86-21-65642845
常熟市华顺印刷有限公司

开本 787 × 1092　1/16　印张 18.25　字数 311 千
2019 年 6 月第 1 版第 2 次印刷

ISBN 978-7-309-13806-1/G·1868
定价:45.00 元

如有印装质量问题,请向复旦大学出版社有限公司出版部调换。
版权所有　侵权必究